解
决
问
题

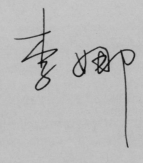

了不起的
收纳者

打造整洁有序、舒适有爱的家

李娜 ·············· 著

人民邮电出版社

北　京

图书在版编目（CIP）数据

了不起的收纳者：打造整洁有序、舒适有爱的家 / 李娜著. -- 北京：人民邮电出版社，2023.9（2023.10重印）
ISBN 978-7-115-62433-8

Ⅰ. ①了… Ⅱ. ①李… Ⅲ. ①家庭生活－基本知识 Ⅳ. ①TS976.3

中国国家版本馆CIP数据核字(2023)第144777号

内 容 提 要

人人都渴望拥有整洁有序、舒适有爱的家，但是怎样打造出具有这些特点的家居环境，很多人并不清楚。本书的宗旨就是教会读者如何高效地整理收纳，打造出不管住在哪种房子里都能展现品质与价值的理想的家。

本书首先分析了为什么90%的家庭受困于整理收纳问题，以及永不复乱的家背后蕴藏的两大系统，并且深入讲述了打造永不复乱的家的五个高效步骤——明确目标、规划、整理、收纳定位、归位；然后分别具体讲述了如何打造永不复乱的衣橱和厨房，介绍了家庭六大空间——餐厅、客厅、书房、儿童房、卫生间、阳台的整理收纳方法，以及整理达人必备的收纳工具和收纳技巧；最后讲述了整理对于生活和生命的意义，并且分享了通过整理家居环境改变人生的真实案例。总之，本书是作者基于数百套新房的规划设计、400多个家庭走访及数千个家庭的线上指导而形成的理论与实战结晶，可供读者拿来即用，将自己的家整理得更美好！

如果你是喜欢整理收纳、对生活有追求、希望提高居住品质的人，如果你是渴望解决家居环境混乱问题、拥有理想的家的人，那么本书值得你阅读。

◆ 著 李 娜
责任编辑 张国才
责任印制 彭志环

◆ 人民邮电出版社出版发行 北京市丰台区成寿寺路 11 号
邮编 100164 电子邮件 315@ptpress.com.cn
网址 https://www.ptpress.com.cn
北京宝隆世纪印刷有限公司印刷

◆ 开本：880×1230 1/32
印张：8   2023 年 9 月第 1 版
字数：150 千字   2023 年 10 月北京第 2 次印刷

定　价：69.80 元

读者服务热线：（010）81055656 印装质量热线：（010）81055316
反盗版热线：（010）81055315
广告经营许可证：京东市监广登字 20170147 号

序言

如果我问你，在这个世界上对你来说最重要的一个空间是哪里？也许你会毫不犹豫地回答："家！"

是啊！家是每个人最初的记忆，也是最终的归宿。莫尔说，为了寻找想要的东西，我们走遍了全世界，回到家，找到了！

人人都渴望拥有一个理想的家。我也和你一样，我从小就渴望拥有一个整洁有序、舒适有爱的家。

大学毕业后，我开始了第一次创业，先从事了 3 年的园林景观设计，接着在软装设计行业奋斗了 7 年。尽管我设计了很多美丽的空间，却没有住出自己理想的家。家里的物品越积越多，装饰品被杂物掩盖，毫无美感可言。有时，我甚至不想回到那样的家中。

我深深渴望的理想的家离我越来越远了！这让作为软装设计师的我无比困惑。直到 2016 年，我开始接触整理收纳知识，并在此后的 2 年内拿到了国内外整理收纳类最高级别的证书。

同时，我深度阅读了数百本空间美学和整理收纳方面的书。这些学习让我豁然开朗，洞悉了空间居住品质的奥秘。

从那时起，为了打造自己心中理想的家，我开始不断实践。

也是从那时起，我的人生仿佛翻开了崭新的篇章。我居住了 10 年的老房子在同小区、同户型、同楼层中以高出市场价 35 万元的价格售出。我曾仅花 3 万元就把一处破旧的、300 多平方米的农村住房改造成理想的民宿，当时从杭州 143 平方米的跃层房跨省搬迁到这里，从打包、搬运到物品归位仅用了一天时间。而我现在居住的房子（近 200 平方米的排屋）仅花 40 多万元便改造成为一处备受喜爱的"网红"打卡地，吸引了全国各地的学员慕名前来参观。他们惊讶于我如何用如此少的成本，打造出如此美的家，目光所及皆是美好，每个角落都是风景，而且家中的每个柜子和抽屉都整洁无比，处处像一幅画。

2010—2017 年，我一直在做空间软装美学。直到 2017 年，我开始转型，并在 2018 年全职投入成为一名整理师。后来，我创立了娜家美学整理平台并经营至今。在过去的 16 年里，我一直致力于家居居住品质和空间美学领域的相关研究，探讨各类现实家庭生活场景的优化之策，希望将家居生活的实用性与美观性完美结合。这一切都源于我对美好家居生活的热爱和追求。

我曾规划设计数百套新房、走访 400 多个家庭，深入了解过他们的居住痛点和他们真正希望实现的理想的家的样子。而且，我在线上指导了数千个家庭，并拥有超过 5 万名来自世界各地的线上付费学员。这些学员的家，有小至 30 平方米的公寓、大至 2000 多平方米的别墅，有小型出租屋，也有价值过亿元的豪宅。然而，在众多房子中，真正住出品质、住成"理想的家"的却寥寥无几。

我甚至参观过一些室内设计师的家，发现他们的衣柜里也凌乱不堪，衣物堆积如山；门口的鞋散落一地，毫无秩序；厨房里切菜的台面被杂物占据，无处可用；整个空间陷入一片混乱，几近"爆仓"。这更加让我意识到理想的空间设计与现实生活的实用性及持久性的矛盾，能兼具美观性和实用性的空间少之又少，能十年如一日地保持美好的家更是极其稀缺。买得起房子的人不少，能让房子散发品质和价值的人却屈指可数，90% 的家庭没有住在理想的家居环境中。

因此，本书的宗旨是帮助你打通空间居住品质的"任督二脉"，让你掌握一种能力：无论你是住出租房、小公寓，还是住大别墅，都能让其散发品质和价值，成为理想的家，让你可以十年如一日地住在令自己砰然心动的家里。我将这种能力称为居住能力。曾被无数学员誉为"空间魔法师"的我，希望通过这本书将自己在居住品质领域积累的十几年经验传递给渴望拥有美好居住品质的你。

那么，理想的家应该是怎样的呢？

尽管每个人对理想的家有不同的定义和期许，但所有理想的家都离不开五大要素：人、事、物、时间和空间。这五大要素在我们的家中承载着最珍贵的价值，如图1所示。

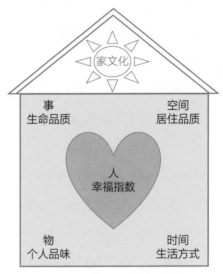

图1　理想的家的五大要素

在这五大要素中，家庭成员之间的爱和承载家人理想生活方式的空间构成了理想的家的核心。只有洞悉这个核心，我们才能了解理想的家如何实现。

很多人为了买房、供房倾尽毕生精力，但辛勤努力换来的房子却未必成为称心如意的归宿。拥有房子并不意味着拥有家，只有当房子满足了家人的需求、实现了家人理想的生活、弥漫着爱、融入主人的品位、承载主人的灵魂时，才能成为真正的家。心安之处便是家，有序的空间带来家人内心的安宁。

优雅的家具与物品共同构筑了家的生活空间，每一件物品都是映照家庭成员审美情趣与消费观的镜子。外在的空间就是内在心灵的投射，家的样子也是我们最真实的样子。环境是无声的教育，它会塑造人，也会毁掉一个人。书香、墨香、茶香、花香萦绕的家培养的孩子，与充斥争吵的混乱环境培养的孩子，其人生轨迹必然大相径庭。家的空间既影响居住品质，也深刻地决定了居住者的生活方式与生命品质。

人的一生中几乎有一半的时间在家里度过。如何创造美好的家庭时光，让家里既能充满欢声笑语，又能营造让家人安静的文化氛围，需要一家人的用心经营。你如果善于利用家人团聚的珍贵时光，在舒适的环境中创造有意义的体验，那么生活的"小确幸"就会越来越多。如此，你的家庭关系将越来越和谐，生活方式更积极向上，家庭的文化氛围也会日臻美好。

在家庭五大要素系统中，家庭关系、时间与家文化是无形的精神支柱，而家的空间、物品与家人的活动则是有形的载体。正如老子所言："有之以为利，无之以为用。"虽然有形的家具与物品为生活提供便利，但家的真正意义在于承载无形的爱与家文化。无形胜有形，有形服务于无形。因此，家的底层建设是有爱，家的顶层建设是文化。

爱与文化是家的灵魂，空间中的人、事、物是表象，它们相互依存、互为表里。通过改变有形、改善无形，才能真正实现理想的家。我们只有找到了家的核心本质，才能知道怎样更好地构建家这个系统。

我将理想的家分为以下三个层次：

第一层，整洁有序、舒适有爱的家；

第二层，拥有高能量、高颜值的家；

第三层，富有品位与文化的家。

为了实现这样理想的家，我们需要掌握一套居住能力体系。该体系涵盖了四大模块与十大能力，如图2所示。

图 2　居住能力体系 [①]

居住能力分成以下四大模块：

- 有爱——家的根本；

[①] 该体系源自逯薇女士的住商理论，本书进行了拓展。

- 有用——爱的载体；

- 有序——家的平衡；

- 有品——家的文化。

在四大模块中，有用与有序是理想的家的基础。整理收纳便是解决有爱、有用与有序的关键。房子再大，装修再豪华，如果杂物堆积如山、每个角落皆混乱，理想的家就遥不可及。

以上四大模块需要通过十大能力来实现，它们分别是反思力、觉察力、表达力、规划力、布局力、取舍力、收纳力、审美力、探索力和呈现力。只要具备了这些能力，无论未来你身处何种空间，都能将其打造成理想的家。

我在家居居住品质改善和空间美学领域已耕耘16年，积累了大量的实践经验，形成了系统而完整的方法论。这套方法论整合了空间规划设计、空间软装美学、整理收纳、家庭关系、环境能量学与家庭文化理念等，通过有效的操作方法帮助学员和客户打造了真正理想的家，实现了井然有序的美好生活。因此，这套居住体系兼具道、术、器、用，既有理论高度，又能实操落地。

正因如此，娜家美学整理平台吸引了众多在同行机构学习过整理收纳的学员。他们在学习了我们的课程后，由衷感叹在这里找到了整理收纳的底层逻辑，打通了居住品质的"任督二脉"，这不仅仅是整理收纳课程，更是人生哲学课和心理疗愈课。

　　本书的关键目标就是教会你打造整洁有序、舒适有爱的家，我相信这本书将为你打开整理收纳的全新视角。在阅读过程中，你将逐步摆脱反复整理与反复混乱的困境，掌握永不复乱的整理收纳术。接下来，请随我一同踏上这场寻求理想家居空间的美妙旅程吧！

目　录

第 1 章　整理魔法：一劳永逸，告别复乱

第2章　高效整理五步法打造永不复乱的家

第3章　打造永不复乱的衣橱

第4章　打造永不复乱的厨房

第5章 做好六大空间整理收纳，让家焕然一新

第6章　整理达人必备的收纳工具和收纳技巧

第 7 章   通过整理重拾充盈人生

整理魔法：
一劳永逸，告别复乱

有人将出租房住成整洁温馨的小窝，有人却将豪华别墅住成囤积杂物的大仓库，区别在于他们是否拥有居住能力。而居住能力里有一项 90% 的人都不知道的能力，就是永不复乱的整理魔法。

1.1 为什么 90% 的家庭受困于整理收纳问题

我深入走访过数百个家庭并指导过几千名学员，发现90%的家庭都陷入了同样的家居"陷阱"：花费巨资购买房屋，努力装修以营造理想的家，住进去不到一两年就陷入混乱，无论大小如何，房子最终都沦为"堆放物品的仓库"，那个曾经渴望的理想的家一去不复返。问题到底出在哪里呢？

1.1.1 五大家居"陷阱"，你是否深陷其中

案例故事：短短 10 个月，公寓住成"难民营"

这家的男主人是一位繁忙的电视台编导，我们不妨称呼他为李先生。李先生在城市打拼几年，总算为家人购置了一

套 68 平方米的公寓房。这套公寓整体布局合理，有两厅一厨一卫一阳台。李先生每天工作十几个小时，身心俱疲，唯一盼望的就是回到家中享受温馨、舒适的环境。然而，他对新房的新鲜劲还没过，住进去不到 10 个月，这个家已经面目全非了。当你走进他的家时，那凌乱的景象令人瞠目结舌，看起来简直就像一个"难民营"。

一进门，眼前便是满地的鞋子。餐桌上堆满了杂物，已经无法容纳一家人共进晚餐。客厅几乎没有孩子玩耍的空间，地上散落着玩具，一片地铺据说就是李先生晚上加班回来的安身之地，这简直就像"狗窝"。厨房的台面上放满了物品，连切菜的地方都没有。卧室里到处都是衣服，床被推到窗边，窗帘也拉不上，整个房间都被物品包围，给人一种压抑感。阳台上堆放着从客厅挪出来的沙发，沙发上又堆满了衣柜里放不下的衣服和晾晒完的衣服。你真的无法想象，这个新家在短短不到一年的时间里已经沦为如此模样。

· · · · · ·　　·

为什么一个好好的家不到一年就陷入混乱？虽然我见过形形色色的家，不管大房子还是小房子，所有家居空间的问题归根结底都是五大要素——人、事、物、时间、空间陷入了失衡的状态。

（1）空间规划没有"以人为本"

当空间规划设计一味追求时尚与美观而没有以人的需求为

根本时，生活空间就会带来各种不便，原本应有的功能也难以提供。空间的美感很快就会被打破。

例如，低年龄段的孩子喜欢在客厅嬉戏玩耍，但如果我们没有在客厅为他们留出专属的玩耍区，孩子的玩具必然会四处散落；进门的玄关处收纳空间不足，鞋子无处安放，必然导致门口满地的臭鞋；厨房切菜区如果距离洗菜区太远，我们在切菜、洗菜时难免要多绕一些路。这些问题的症结都在于空间规划脱离了人的需求。

家的核心就是有爱，只有深入了解和满足家人的需求，才能将家打造成充满活力与温馨的生活空间，逐渐实现理想的家。如果忽视了很多生活的需求而仅仅追求美观，那么所谓的美就是昙花一现，没有持久性，而没有以人为本的空间也就像毫无生气的样板间。在满足家人需求的前提下，提升居住者的舒适度和空间的美观度，才是空间规划的正确方式。

（2）陷入物品囤积陷阱

一位别墅的女主人向我寻求帮助时，曾说过一句令我难忘的话："很多时候，我甚至都不想回家了！"原来，这位女主人与家人共同居住在一座占地600多平方米的别墅内，由于物品繁多、过度拥挤，别墅沦为了仓库。杂乱无章的环境让女主人感到焦躁不安，以至于她都不愿意回家。

可见再大的空间也装不下永无止境的欲望，再大的房子也会因为物品数量过多而变得壅塞，空间如同被无形之手扼住，缺乏"呼吸感"。

我们要把空间留给主人，而不是过量的物品。过量的物品只会绑架我们的生活，让我们为之所困。

（3）长期重复做无效整理

如果不断重复错误的方法，纵然尽心竭力，也无法获得心之所向。家居整理就是如此。

很多人以为整理就是做家务，不学就应该会。结果他们收拾了 30 年，家依然反复整理反复乱，混乱的问题依然没有得到解决。可见期望通过简单的收拾或重复以往的思维和方法就能拥有不复乱的家，是不现实的。因为这种情况下，人一直在做无效整理。

例如，很多妈妈总会责怪孩子乱放玩具，丢得满地都是，也不归位。其实背后的原因是很多孩子的玩具都被集中装在一个大的收纳筐里，孩子每次要找想玩的玩具，都必须把整筐的玩具倒出来。孩子好不容易找到了自己的玩具，家长再让孩子装回筐里，显然孩子是不愿意的。这是因为收纳者选择的玩具收纳筐本身就不符合收纳的分类原则，收纳工具和收纳形式本身就错了。

再或者，我们在整理物品时细心地将其擦拭干净后放回原处，这样的举动看似使物品表面得以清洁，但是物品与空间的关系并没有改变，经过整理的物品要么容易被遗忘在角落，要么可能越堆越多，空间越来越乱。

（4）没有投入有效时间

很多人将时间精力倾注在事业和孩子身上，却忽视了最亲密、最重要的环境——家。尽管有些人已经为买房、装修投入了大量心血，却无法投入有效的时间去创造一个理想的家居环境。

殊不知，一个混乱的家会在无形之中侵蚀我们大量的时间。一项调查显示，平均每人每天花在找东西上的时间是 30 分钟，包括找手机、找钥匙、找橡皮、找袜子，等等。如果家里特别乱，这个时间还会翻倍。如果一个人每天花 1 小时找东西，一家人就需花 3 小时，一家人 1 年需花 1095 小时，相当于 1 年里有 45 天在找东西。

当然，混乱的环境也会降低我们的工作效率和孩子学习的专注力。而整洁有序的环境可以让我们思维清晰，专注力得到提升。

我们只有投入有效的时间并采用正确的整理收纳方法，才能有效改善家居环境，从根源上解决侵蚀我们日常生活的问题。

（5）受困于过时的居住理念

很多人被陈旧的居住观念束缚，进而在构建理想家居空间的过程中误入歧途。这时，他们即使投入巨资，也可能只是打造出一间设计师心目中的样板房，而不是自己真正向往的温馨家园。

常见的居住理念误区有以下几种。

- 以为自己的房子才是家，别人的房子就不是家。如果住在出租房，就一切从简，过将就的生活。
- 认为品质生活就要有大房子，物品越多越好，柜子足够多才能放得下，而忽略了空间与物品的合理利用。
- 在装修过程中盲目信任各种"师"，自己却对装修设计一无所知，甚至完全放手不管。到头来踩了很多"坑"，把房子变成了合乎设计师心意的家，而不是自己理想的家。
- 把整理收纳当作家务琐事，认为无须学习就能掌握。在装修阶段也不考虑物品的收纳和容量，结果住进去发现东西根本没有地方放。
- 认为家里略显杂乱才能体现生活的烟火气，而忽视家里保持整洁与舒适的重要性。
- 认为有老人和孩子在家，家庭环境注定无法保持整洁。
- 东西还能用就不扔，即使物品已多年未使用也舍不得丢弃。

　　以上几条，你"中招"了吗？要知道，在这些过时的居住理念的支配下，我们可能会在无意间将原本舒适的家变成杂乱无章的仓库。

　　那么，这该如何调整呢？

1.1.2 走出居住理念误区才能提升居住品质

有人将租来的乡间农舍打造成温馨淳朴的民宿，有人却让豪华别墅沦为堆积杂物的仓库。这背后的差距不仅在于居住能力的不同，更在于居住理念的偏差。改变居住品质，从改变居住理念开始。

（1）家就是有爱你的家人和让你心安的居所

我们来看看学员 M 的故事。

• ••••••

M 在一个拥挤、杂乱的出租房里度过了他的童年。那个出租房既混乱又拥挤，充斥着将就与妥协。M 家虽然经济条件不错，但因为住的是出租房，父母习惯选择低廉、没有品质的家具和物品将就着用，以至于 M 从小就没有真正拥有过自己特别喜欢的、有品质的物品。家居环境的混乱，让 M 经常感到莫名的焦虑和无助，也很难体验到幸福感和满足感。长大后，M 无论走到哪里，都把周围的环境当作出租房来对待，买东西都将就选择低廉的物品，无法真正体验生活的美好，也感受不到家的归属感。

•••••• •

你知道问题出在哪里吗？

一个美好的家居环境会进入居住者的潜意识，影响其一生。家不仅是一个容纳物件或身体的物理空间，更是一个充满爱与关怀的精神寄托。

家的底层建设是爱。一个混乱无序、将就的空间很难让人安住其中，每一个家人都好像过着"漂泊的生活"，内心无法安定下来。只有对当下的空间用心赋予爱，我们才能让这个空间成为真正意义上的"家"，心才有了归处。所以，心安之处便是家，不管是租的房子，还是买的房子，我们都要用心对待，让家人感觉到舒适、有爱。

（2）小房子也能住出品质生活

房子的大小与居住品质之间确实存在一定的关联，但单纯增加房屋面积不一定能提高居住品质。真正决定居住品质的是主人对生活的理解与态度，以及管理和运用空间的能力。

就像那些选择小公寓却能够住出高品质生活的人们，他们懂得如何将有限的空间最大化地利用起来，打造舒适美好的家居环境。

（3）懂点装修设计的事，才能实现理想的家

装修是一项充满挑战的任务，涉及一系列细节，你不得不处处留神。选择让专业的人完成专业的装修事务，才是明智之举。然而，你要明白，家是家人理想生活方式的呈现，是主人的品位和情感的表达。你只是借助设计师和装修工人来实现自己理想的家，如果你不参与或很少参与，其结果必然是你的家变成了设计师眼中理想的家或没有灵魂的样本房。

每个家都应该有自己的特色和品位。当下很多家居设计其实是在"套模版"，如果你不融入自己的想法和个人特色，就相当于你花了大价钱把家变成了别人眼中的理想的家，而不是带着自己灵魂香气的家。所以，你不能完全放手装修的事，更不能在这个过程中一无所知。

本书将帮助你了解居住品质的底层逻辑，让你知道理想的家是如何构建的。通过本书，你可以深入了解家人的需求，明确家人对家的期待。例如，爱美的妻子可能希望家里有明亮的化妆台和壁灯；爱读书、读报的爷爷可能希望拥有舒适的阅读角，从而享受阅读的乐趣。这些来自家人的需求都很重要。

在装修过程中，设计师是你的重要伙伴。但只有你和家人最了解自己生活的需求和细节，每个空间不仅仅需要美观，更重要的是承载每个家人的需求。当你明确表明家人的需求后，设计师可以根据你的需求和期待，利用自己的专业知识和经验帮助你打造理想的家。你只有在这个过程中积极参与，才会更顺利地让理想的家成为现实。这样的家，你和家人才会越住越喜欢，越住越舒服。

（4）物品少而精，生活更有品质

家里物品过多时，不但会不再带给我们便利和快乐，甚至会反客为主，占据我们的居住空间，成为空间的主人，让我们感到压抑和不自由。而且，它还会不断侵蚀我们宝贵的时间，让我们有做不完的家务，时间浪费在无止境的收拾活动里。

老子说："少则得，多则惑。"过多的物品让我们在选择时感到困扰，同时还很难让我们珍惜物品。例如，孩子的玩具已经堆得到处都是，这样孩子不但很难安静下来专心研究一个玩具，而且通常也不太珍惜这些玩具。家长买了玩具后，孩子还希望继续买。一旦买来新玩具，孩子很快就不玩了。

只有少量精心挑选的有品质的心动物品，才能让我们每次使用时都感到被它滋养。只有它被很好地使用，它的价值也才能真正得到发挥。

同理，我们也不要盲目追求柜子的数量，而应关注实际需求，确保柜子提供足够的存放空间，以便我们轻松取用。

（5）整理收纳是实现居住品质的基石

很多人以为整理收纳就是做家务，这就错了。有些人在家里收拾了几十年，都没有把家收拾得干净、清爽。很多人家里也常年请阿姨，却依然解决不了家的混乱问题。可见整理收纳不是简单的做家务，它需要空间规划的能力和系统科学的方法。

想象一下，在缺乏整理收纳的家中，杂物带来的混乱会像藤蔓一样蔓延开，侵蚀家里的美好，再好的装修和再贵的家具在它的侵蚀下都会让理想的家越来越缥缈。

科学的整理收纳让所有的杂物隐藏起来，就像为家打了一个干净、清爽的底妆，大方优雅的家具为家居生活增添和谐与美感，让家的每个角落焕发生机。家人的心灵也会受到滋养。

如果你真正体验过整洁有序的家居环境，你可能再也不愿回到原来的混乱状态了。一次彻底的整理就像人生的庆典仪式，或许一辈子只需要做一次，但它带来的变化却可能伴随你一生。这样的体验一定值得你拥有。

（6）规则和边界是保持美好家庭关系的基石

如果家里孩子喜欢捣乱，老人有不好的生活习惯，这样的家是不是就不能保持整洁有序呢？

当然不是。

如果你以系统的方法全面地整理家居环境，为每一件物品找到固定的"家"，你会发现家人的习惯将悄然改变。例如，你设定好玩具的存放位置，孩子也能慢慢学会收拾和整理。因为孩子天生就有对秩序的追求，只需要你用行动加以引导。

在与长辈共居的家庭中，保持尊重的同时设立适当的界限至关重要。同时，你要用心理解长辈的需求，让他们真正感受到被爱和被尊重。

当你打造出一个整洁有序的空间时，你会发现家庭的氛围在发生奇妙的变化：孩子可能在你不经意间主动将玩具放到固定的位置；长辈赞赏了你的努力，甚至主动参与整理家务。这不仅体现了他们对美好生活的追求，也体现了他们对你努力的认同。

有一次，我前往一个三代同堂的家庭预采。在替客户的柜子测量尺寸时，女主人的妈妈看到我们一一打开她们家的柜子，就一边将我们往外拉，一边说："我们家没什么可偷的，你们快走吧。"这件事给我的印象很深刻。

幸运的是，女主人是一个很有智慧的人。为了减少阻力，在我们上门整理的六天时间里，女主人特意把父母和先生都送出去旅行了。等他们旅行回来时，家里发生了翻天覆地的变化，仿佛就像换了一个家，他们都惊呆了。整理时考虑到要尊重长辈，我们只留了父母的房间没有整理，其他空间都焕然一新。当这家的长辈回到家以后，看到家里发生了那么大的改变，而自己的房间确实太乱、东西太多了，也开始默默地整理，并不停地往外搬东西。

可见，一个整洁舒适的环境是自带能量场的，可以潜移默化地影响家人。相对而言，孩子是最容易改变的，父母则需要多一点时间接受变化。

（7）真正的浪费是没有物尽其用

很多人受到"勤俭节约、惜物爱物"理念的影响，对舍弃物品感到忐忑不安，担心扔掉物品是一种浪费。然而，真正的浪费其实是物品的作用没有得到充分的发挥。

当一件物品长期不被使用时，它的价值就难以充分实现。如果你总是劝自己"下一次可能用得着""将来总能派上用场"，久而久之，它会落满灰尘，被你遗忘。同时，它还占据了宝贵而有限的空间，增加了空间的"阻塞"。

尊重物品的正确方式是珍视那些让你心动、对你有意义的物品，并好好照料、使用它们。你因为使用它时的美好体验而被滋养，它因为你的喜爱和使用而实现价值，你们之间就是"相互成就"的关系。将那些你不再需要的物品分享给有需求的人，物品的价值能在新的环境中再度延续，这给它的生命带来了新的机会。我将这个过程称为"流通"。

流通不同于简单地丢弃，它体现了我们对物品"生命"的尊重和传承。流通不仅能够让物品焕发新的光彩，还可以帮助那些需要它们的人。在这个温暖的循环中，我们也打通了自身与外在世界、自家与外部空间的联系，心也将变得轻盈。

当我们拥有正确的居住理念，还能掌握居住能力时，那么不管在哪个空间，我们都能十年如一日地拥有令自己怦然心动的家。

1.2 永不复乱的家真的存在吗

很多人一听到"永不复乱"，就觉得难以置信。他们会问："难道你家的孩子不玩玩具吗？难道你不使用物品吗？"

当然不是这样的！我说的"永不复乱"，是指无论物品在使用时被弄得有多乱，都能够在用完后快速被整理和归位。你只需要执行一个简单的动作——将物品放回原处即可。之所以能如此便捷，是因为所有物品都有明确的分类和固定的位置。

就好比孩子带一群同学回家玩，无论这群孩子的"破坏

力"有多强，由于所有玩具都有固定的"家"，我们只需要
5 ～ 15 分钟就可以让"战场"般的空间快速恢复原貌。整理
就是这么神奇和高效。

如果要对"永不复乱"下个定义，那就是"不论空间和物
品怎样被使用，都能快速回到原来的状态"。也就是说，不论
你家中有多少物品或者多少人在使用物品，只要学会这套永不
复乱的整理收纳术，你就能始终让家保持整洁有序。

娜家美学整理平台服务过的客户中，90% 以上的客户都
实现了一次整理、永不复乱的居住状态，这也是让我感到特别
欣慰和骄傲的地方。

1.2.1 几年前的一次整理让我家整洁至今

我从 2016 年开始学习和实践整理以来，我的家始终保持
整洁，未曾复乱。

我现在的家是一栋联排的山体别墅，包括地下室，共有四
层。在装修前，它看起来非常普通。而在装修后，它的每个角
落都展现出我的特色。

我用 10 个月的时间重新对这套精装修的房子进行空间规
划、拆改重建、家具定制、软装打造、园林绿化等，总共花了
40 多万元，使其从原来的现代简约风变成了具有我的独特风
格又让我怦然心动的家，如图 1-1 所示。

图 1-1　家中随拍

如今，我已经住进去三年多了，我的家不但没有变乱，还越住越美，越住越有我个人的独特味道，并且吸引了全国各地1000多位学员来参观打卡。有时候，我在外地讲课，有学员想来参观，我便说："阿姨在家，你想去就去吧！"

参观者来访后都被惊艳到了，他们赞美我的家360度无死角，目光所及皆是美好，而且每个抽屉打开都那么整齐！不少来访者曾对我说："感觉看到你的家，就能感受你这个人。在你的家里，人、空间、物品好像完全合一了。"他们很惊讶我如何用这么少的钱，却住出这么美的家。

家一旦有了主人的灵魂香气，它就变成了主人的"个人品牌"。虽然我的家在改造上只花了40多万元，但它产生的品牌价值已经超过几千万元。全国众多整理收纳机构的老师中，或许很少像我一样把家住成了"网红"打卡地吧。

也许你会觉得这不可思议，但这都源于我的居住理念和居住能力。

整理收纳的好处并不仅仅是让我的家始终保持整洁有序，更重要的是整理的过程能够让我们更加清晰地知道自己想要什么样的生活方式，通过整理，理家、理心、理自己。

整理的是物，梳理的是内心。这个过程像一个人生庆典仪式，能够让我们脱胎换骨，发现真实的自我、接纳独特的自己、爱上自己。

整理收纳能够打开我们的幸福之门，让我们始终在自己心动的空间里和喜欢的人做喜欢的事，被自己心动的物品包围，幸福也油然而生。

像我家这样整理一次、不再复乱的情况并非个例，我有大量学员和客户也实现了这样的家。

1.2.2　反复整理反复乱，方法可能没用对

为什么有些人很爱收拾家，却总是反复整理反复乱呢？

可能方法出了错。

为了让你拥有永不复乱的家，我要为你排除一些可能存在的误区。

（1）每天整理一点点，总是理不完

有些书会鼓励你每天找个家的局部来整理，哪怕只是一个抽屉，认为这样可以让你先获得一个小成果。

实际上，这样做几乎不太可能实现你要的结果，因为这里刚整完，那里便会乱，过两天家又被打回原形了。

你能做的是每天流通一部分自己不再需要的物品，物品量减少后，后续的整理就会更容易完成。

空间是一个整体，如果你没有全局思维和全局规划，那么你就很容易做无用功。相反，如果你用系统和专业的整理思维进行房屋全局的规划和整理收纳，那么彻底整理后你将收获一个全新的家和全新的自己。一次深度的整理，一辈子只需要做一次。

但是，大部分人面临的挑战在于没有那么多时间。那么，如何解决这个问题呢？我分享给你三种解决方案。

◆ 划分七大类别，分次整理

将家里的物品分成七大类别：衣物类、书籍类、文件类、入口类、清洁类、小物品类、纪念物类，按照正确的顺序，每次集中一段时间完成一个类别的彻底整理。

例如，用一个周末集中整理所有的衣物，下一个周末集中整理所有的图书，后续再依次整理文件类、入口类、清洁类、小物品类、纪念物类。这样虽然时间分散，但是每一类物品的整理都很彻底。

◆ 向专业整理团队求助

最高效、最容易出成果的方式是向专业整理团队求助，其效果通常比你自己整理的要好。但是，这个过程中作为主人的你可不能当甩手掌柜，而要参与其中。

整理是为了实现理想的生活方式，因此你在整理的过程中需要做出取舍并明确每个细小的需求。毕竟，只有你最了解自己和家人的需求及使用习惯，只有所有需求都被满足了，家的秩序才能长期维持。这也是娜家美学整理团队整理过的家90% 以上都能实现永不复乱的原因。

◆ 假期发起"全家总动员"

你可以抽出整块的时间（比如一个假期），利用充足的体能，发起全家总动员，撸起袖子大干一场。这项挑战很大，你需要有很高的专业性和系统的整理思维。但是一旦成功，你的人生也将得到彻底的改变，"一次整理，永不复乱"将真的能实现。

（2）陷入无效收纳的陷阱

很多人反复整理，买了大量收纳工具，但仍然无法实现永不复乱的家，主要原因是一直在做无效收纳。

常见的无效收纳有以下四种表现形式。

◆ 动线过长

玄关的收纳空间小，很多鞋子无法存放，有些人会把鞋子放到阁楼或储物间。但由于动线过长，鞋子很难取出，最终可能被遗忘或不得不再次购买。有效收纳的重要原则是就近收纳。

◆ 动作过多

如果回到家里，换鞋、摆鞋要用 5 个动作才能完成，那么出于省事的心理，很多人会直接在门口脱下鞋子，就地放置，而不是将鞋子放在指定的位置。有效的收纳方式应该是高效、便捷且易于人放置的。所以，动作数越少越方便，越容易维持。

◆ 错误的收纳形式

每一类物品最适合的收纳形式是不同的。很多人认为整理衣服就是折叠衣服，其实衣服收纳的原则是"能挂则挂"。除了少量的秋衣秋裤、睡衣睡裤、打底裤等，大多数衣服都可以悬挂，这样才能让我们找、拿和放时更加方便。悬挂的衣服不易有褶皱，打理也更方便。所以，只有用对收纳形式，我们才能实现高效收纳。

◆ 无效的收纳工具

很多人认为，只要把东西塞进盒子里，就算有效的收纳。然而，收纳时应该尽量让所有物品一目了然，以便于使用者好取易放。因此，使用者需要根据自己的需求、空间大小、使用频率和物品特性选择合适的收纳工具，这需要经过规划和计算。例如，对于儿童玩具，我们可以采用可见、易拿、易放、分类有序的原则选择大小合适的收纳工具。

（3）整理后无标签，物品难觅归宿

在一场"整理大战"之后，很多人会喜滋滋地认为家终于整洁有序了。殊不知，还有一项至关重要的任务等待着他们完成，那就是为整理好的物品贴上标签，为它们明确固定的归属之地，让每类物品都有固定的"家"。

即使我们的整理技巧已十分娴熟，但如果忽略了最后这个关键步骤，时间一长，我们会发现家中又开始变得杂乱无章。因为没有人能够清晰地记住所有物品的位置，混乱便会趁机迅速侵蚀每个角落。

所以，请大家在整理完之后，务必给每类物品贴上标签，明确它们在家中的位置，让它们拥有永久的归宿。当新物品进入家中时，也要及时为其指定位置。这样家中的秩序便能得到长期维持。

（4）扔完继续买，欲望永远得不到满足

很多人误以为整理的核心在于扔掉物品，于是在整理过程中大肆清理，抛弃一大堆东西。在扔掉物品的过程中，他们确实感到畅快淋漓，但没有与物品建立深刻的联系，也未能领悟拥有物品的真正意义。因此，在扔掉物品后不久，他们又陷入了购物的"漩涡"。

这个问题出在我们的整理方向上。

整理的目的并不是为了丢弃物品，而是为了发掘那些对我们真正重要、让我们心动的物品，借由这个过程来认识自

己，"以物为镜，格物致知"。在这个过程中，我们会发现，即使我们拥有再多，如果我们和物品缺乏连接，没有心动感，我们也很难有真正的满足感，就会不停地购买！那些真正能让我们心动、对我们有价值的物品其实并不多。我们能做的就是珍惜它们，感恩它们，充分利用它们，让它们发挥应有的价值。

我们只有真正理解了自己与物品的关系，才能摆脱对物品的执念。

1.3 "永不复乱"背后的整理之道

物理学中著名的熵增定律告诉我们，在一个封闭的系统里，如果没有外部力量介入，那么系统的混乱程度将不断增加。

例如，当你刚搬到新家时，一切都井井有条，但随着你的入住、物品的增多，如果你不定期整理，那么混乱将会像潮水般汹涌而来。这就是熵增的过程。

物理学家薛定鄂认为，人活着就是为了对抗熵增，生命以负熵为生。负熵就是从混乱走向有序的过程。

整理的过程，就是让有形或无形的事物从混乱走向有序的过程。所以，整理其实无处不在，且意义非凡。

著名的心理学家米哈里·契克森米哈赖（Mihaly Csikszent-mihalyi）在其著作《心流》中提出：幸福源自内心的秩序感。

他认为，人的不满来自内在秩序的缺失，人在生活中容易产生情绪混乱。据此，他提出幸福源于内心的秩序感，心流会让人产生幸福感。他还提出精神熵的概念，代表一个人内心的混乱程度，认为人精神的混乱程度和生活的痛苦程度是相关的。

秩序感给人带来平和喜悦。看似简单的整理和收纳，表面上解决了家居空间的秩序感，其实也影响着我们内心的秩序感。有形的外在空间是我们内在心灵的投射。通过主动改变外在空间，我们也能带动内在心灵的秩序感，从而增强我们的幸福感。

1.3.1　整理整的是关系

你遇到过这种情况吗？在一片混乱中找不到需要的物品，或者心中的纷扰太多，让你不知道应该优先处理哪些事情。如果这些问题让你苦恼，那么对整理的深刻理解和应用可能是带你从混乱走向有序的钥匙。

（1）有形与无形，皆可整理

当我们谈论整理时，大多数人可能首先想到的是将物品分类、摆放整齐。例如，整齐地叠放衣物、排列书籍。

整理的含义其实远超乎我们通常理解的归类和放置，它是有序生活的基石，是一种生活的艺术，也是一堂最落地的生活哲学课。它涉及的是人、事、物、时间、空间等要素及人的认知与生活方式。

整理是让有形或无形的事物从混乱走向有序的过程，这个过程包含有形和无形两个维度。有形和无形就像阴阳一样相辅相成，相互依存，无法独立存在。然而，绝大多数人往往只留意到了有形的部分，却忽视了无形的影响力。

在《道德经》中，老子有言："万物生于有，有生于无。"有形服务于无形，有形之物实际上是为无形之用而存在的。正如许多人终其一生不断地追求更多的物质财富，其实背后也是为了追逐无形的"幸福感"。其实真正影响我们幸福感的也未必是物质财富，而是我们对幸福的感知力。如果我们能真正理解并运用整理术，那么我们不仅能理顺物质世界，更能解决内心的混乱，找到生活的真正意义。

（2）整理：对五大要素的平衡

一旦理解了整理的真正含义，我们就可以开始探索如何实现从混乱到有序。

在混乱的生活或心灵状态中，我们往往未能对与生活密切相关的事物进行适当的分类和排序。因此，整理的过程实际上是确定什么对我们最重要，包括我们与人、事、物的关系，我们想要给谁分配有限的时间和空间，以及它们的优先顺序。

整理的过程有助于我们审视自己与每件事物的关系，找到人生中最重要的部分，做出取舍，确定优先级别。这一点在时间管理上表现得尤为明显。其实时间无法被管理，我们只是借由对人、事、物、时间及空间要素的平衡，将宝贵的时间倾注在最重要的人、事、物上，明确它们的优先顺序，根据不同的空间和情境高效完成任务。

再如，整理衣物的过程并不仅仅是将衣物挂整齐、叠整齐，更重要的是通过审视我们和衣物的关系，做出选择，留下必要的、适合的、心动的衣物，从而找到自己理想的外在形象和穿衣风格。在整理衣物的过程中，同样也要注意维持五大要素的平衡，控制好衣物的数量。

整理的过程涉及五大要素——人、事、物、时间、空间之间的调和，如图 1-2 所示。

图 1-2 整理中的五大要素

人的一生都离不开这五大要素，它们在方方面面影响着我们的生命品质。我们通过审视和调整这些要素之间的关系，将看似混乱的事物引导至有序。在这五大要素中，人是核心，控制五大要素的平衡，本质上是为了实现以人为本。

整理整的是关系。整理的过程就是以人为核心，让人、事、物、时间、空间处在动态平衡且有序的状态。这时，我们便能实现理想的生活方式。反之，我们就容易陷入混乱的状态。整理不仅可以帮助我们更好地管理物品，让生活更有序，还能够引导我们深入认识自己，并创造自己理想的生活。

1.3.2　收纳收的是秩序

那么，什么是收纳呢？

收纳不仅仅是简单的存放，更是一种策略，是将我们需要的物品以便捷且有序的方式妥善安置的艺术。在这里，有两个核心要素需要我们深入理解。

（1）收纳要收"真爱"

我们收纳的应该是自己需要且心动的物品，而不是一堆闲置的物品，甚至垃圾。有句话说得好，"再贵重的物品，如果没有被使用，那对你来说，它的价值就等同于零。"很多人担心丢掉东西会造成浪费，但真正的浪费其实是让物品处于无用的状态。我们应该让闲置物品流通起来，让有需求的人可以再次使用它，让它的价值能再次被挖掘和利用。这是对物品的真正尊重，是给了物品新生的机会。

我想特别强调一个词——流通。流通并不是简单地丢弃，而是让物品流动，找到新的主人，在新的环境中再次发挥作用。

（2）根据物品的使用频率、动线、特点和收纳形式决定物品的存放位置

收纳的目标是让物品处于有序、方便使用的状态，这要求我们根据物品的使用频率、动线、特点和收纳形式决定物品的存放位置。最重要、最常使用的物品，应该放在最容易拿取的位置。

我们根据物品与自己的关系，以及它们的优先级来决定它们的位置。目标就是让所有物品都能够一目了然、整洁有序，方便取用和归置。

所以，收纳的过程就是对物品与人之间的优先层级的秩序排列。

很多人以为整理和收纳是一回事，其实整理不等同于收纳。先有整理，后有收纳。整理是根据关系有意识地取舍物品，收纳是对整理后留下的真正需要的物品进行分类排序。

简而言之，整理整的是关系，收纳收的是秩序；整理构建平衡系统，收纳构建秩序系统，以便实现五大要素的平衡。这个过程既理顺了有形空间和物品的秩序，也提升了内心深处无形的秩序感。

1.3.3 永不复乱的家藏着两大系统

永不复乱的家需要具备两个系统，一个是平衡系统，另一个是秩序系统，两者缺一不可。

平衡是万事万物的基本规律。例如，物理学中物体内外力的平衡，生态系统中生物种群的平衡。

秩序意味着次序井然、有条不紊，如物质的有序排列、人伦法律等。秩序是人类社会存在和发展的基础，是人类自我认识和发展的基础，也是社会稳定和繁荣的必要条件。

大到宇宙，小到每个人的身体，都需要遵循平衡法则和秩序法则。

然而，要维持一个家的平衡和有序并不容易，85% 的家庭都处在相对混乱的状态。我们通过有意识地对家居空间和物品进行规划整理，可以使家处在动态平衡与有序的状态。永不复乱的家藏着平衡法则与秩序法则两大系统。

那么，该如何构建这两大系统，实现永不复乱的家呢？

（1）构建家居空间的平衡系统

◆ 空间：收纳效率最大化

每一个空间的功能，如柜体内部的布局设计，以及物品的定位，都需要满足主人的生活习惯和动线。准确地说，每个空间和物品的终极目标都服务于人，以人为本是空间规划的核心原则。由于每个家庭成员的需求和习惯各不相同，我们在规划空间布局时，需要提前根据每位空间使用者的需求和习惯设定物品的位置。

例如，我们都希望孩子能养成生活自主的好习惯，如早上起床后能自己拿取衣物。然而，如果孩子和先生的衣物是胡乱地堆叠在一起的，很多衣物都无处存放，只能放在飘窗和沙发上，那么可能我们自己都难以找到衣服，何况孩子呢？

试想一下这样的早晨：你一边准备早餐，一边喊孩子起床，同时既帮老公找衬衫，又帮孩子找衣服袜子、红领巾……在这种情况下，你只能匆忙地抓起一件皱巴巴的衣服，然后急忙出门。这是多么混乱而充满焦虑的早晨！一家人如何能开启美好的一天呢？混乱的家让无数类似的混乱恶性循环，在这样的家中，幸福也将悄然离去。

其实，混乱背后很大的原因在于空间规划不合理，导致收纳效率低下，让本身就很有限的空间变得更加局促。如果我们能以人为本，做到合理规划，通过改变收纳形式或收纳柜内部格局构造，使其更符合收纳需求，并让这个空间收纳的物品数量最大化，就能实现收纳效率的最大化。

图 1-3 中原本没有被利用的柜体下方的空间改成了抽屉式衣物折叠区，原来 2cm 厚的衣架换成了 4mm 厚的衣架，衣柜顶部的空间则利用百纳箱存放过季的衣物和棉被。如此一来，衣橱空间都被充分利用了，收纳的物品数量也大幅增加，原来只能放 100 多件衣服的衣橱，现在可存放 200 多件衣服。先生

和孩子能根据自己的需求轻松地找到自己的衣物，早晨的混乱情景也就不复存在。

图 1-3　改造后的衣橱

你可以在早上醒来后从容地准备早餐。此时，孩子和先生在音乐声中慵懒地醒来，他们各自起床、穿衣、洗漱。而你则可以从整理后井然有序的衣橱里优雅地选取一件心仪的衣服，精心打扮自己，然后和家人一起愉快地享用早餐。餐后，你可以快速而高效地收拾好碗筷，然后带着愉快的心情和孩子一起出门，开启美好的一天。

请不要误会，空间收纳效率最大化并不是在空间里加入过多的收纳柜。那会让活动空间变小，身处其中的人不免感觉压抑。所以，在收纳空间占比合理的前提下，通过改变柜体内部的格局和收纳形式可以大幅地提升收纳效率，让收纳柜的物品收纳容量最大化。

例如，图 1-4 中衣橱左侧挂衣区下方有很多隔板和小分格，这些空间的收纳效率较低；而衣橱右侧的挂衣区显然太短，衣物容易产生褶皱。我们可调整该衣橱的内部格局。

图 1-4　规划不合理的衣橱

我们拆除衣橱中多余的隔板，将左侧改为两个短衣悬挂区，将右侧改为中长衣区和裤装区，如图 1-5 所示。显然，通过改造，衣橱的收纳效率得到大幅提升，衣橱的容量大幅扩充。而且，所有的衣物都一目了然，使用者拿取更方便了。

图 1-5　改造后的衣橱

空间规划对一个家的格局起着决定性的作用。大到整个空间的平面布局，小到每个柜体的内部格局、每块层板之间的距离等，需要规划者具有专业而系统的知识。空间规划如同谱写一首乐曲，每个人、每件物品都如乐曲中的音符。只有当它们在正确的位置时，才能奏出美妙的旋律。

◆　物品：感恩当下，适度拥有

我们必须正视一个现实：无论房子多大，它都是有限的。那么，这个空间能容纳的物品数量也是有限的。

许多家庭的混乱，其实源于物品的过度堆积。这也是许多别墅住成"仓库"的重要原因，因为过量的物品打破了空间的平衡系统。如果希望拥有整洁有序、舒适且美好的家，就要坚守一个至关重要的原则：用空间的大小限制物品的数量，用物品的数量限制人的欲望。

当我们怀着感恩的心看待自己当下拥有的物品时，我们会惊讶地发现自己已经拥有了很多。我们不妨静下心来审视自己：我真的需要这么多吗？我真正想要的是什么？

无尽的欲望体现的是自我信任的匮乏。欲望是每个人最基本的一种本能，满足自己的需求本无对错之分，关键在于如何控制好边界，以及如何做好平衡。

欲望一旦过度，就会引发无限的占有、无尽的比较、无谓的竞争。在短暂的刺激和满足感后，是无尽的烦恼和痛苦。

我们把视角拉回当下，放下过往也不畏惧将来，放弃比较。当下的自我才是一切的核心。放下别人对自我期待的枷锁，做回最真实的自己。我们会惊喜地发现，我们并不是真的想要更多，而只想要成为理想中的自己。

杨绛说："无论人生上到哪一层台阶，阶下有人在仰望你，阶上亦有人在俯视你。你抬头自卑，低头自得，唯有平视，才能看见真实的自己。"

一个理想的家，也需要我们用同样的心态来对待，不等待、不将就，不误以为换了大房子才能好好生活，而是平视并感恩当下的生活，哪怕身处出租房，也能创造属于自己的美好和幸福。

例如，小 A 和先生、孩子现在住的是 89 平方米的房子，主卧的衣橱最大只能做到 4m 宽。那么，4m 宽的衣橱就是这家人能够容纳衣物的最大空间了。每个人都有不同的人生阶段，如果我们感恩并尊重当下的自己，就需要选择适度拥有，将衣物数量控制在衣橱可容纳范围内，不打破这个平衡。

但是，4m 宽的衣橱里还有一个变量，那就是衣橱空间的收纳效率。如果衣橱的内部格局规划不合理，原本能够容纳 300 件衣服的空间就只能塞下 200 件衣服。改变衣橱内部空间格局、改善收纳工具，也能提升空间收纳效率。

在有限的空间里，让空间的收纳效率最大化，并用空间的大小限制物品的数量，用物品的数量限制我们的欲望，就是保持家这个系统平衡的有效方法，也是实现永不复乱的家的前提条件。

当空间和物品保持在相对平衡的状态时，如果我们想要增添新的物品而空间不足，我们可以遵循一出一进原则，也就是先流通一件多余的物品，再选择一件新的物品替代它。

总之，要实现理想的家，就需要让家的五大要素处在平衡状态。这五大要素之间相互影响、相互依存。时间和空间是有限的，欲望却是没有止境的；适度拥有并懂得珍惜，而非过度占用却不珍惜。把最重要的时间和空间留给最重要的人、事、物，才是明智的选择。

（2）构建家居空间的秩序系统

整理后，根据物品的优先级和使用频率明确地重新分类和排序，从而建立空间的秩序系统。

打造秩序系统有两个诀窍：

- 物品分类明确，秩序清晰；
- 物品有明确的定位，使用者用后及时归位。

假设这样一个情景。

抽屉里混杂着各种类型的袜子：长袜、短袜、裤袜等。每种袜子的具体数量难以一眼就看出，我们会因为找不到想要的袜子而浪费时间，更别提每次洗后放回固定的位置了。

如果我们对每一种袜子都进行分类，并将它们分别放入不同的小盒子，就能清晰地知道每一种袜子的数量，找袜子和归位也会变得简单，如图 1-6 所示。

图 1-6　袜子整理后

为了实现"一次整理，永不复乱"的目标，我们需要养成一个重要的习惯：整理完后给每一个物品明确定位，贴上标签，并在每次使用后及时归位。这样，我们的生活将会轻松很多。每天只需花 5 ～ 10 分钟，我们就可以让自己的生活空间保持整洁有序。即使家中突然来了一群客人，使家里一片混乱，我们也能在短短的 5 ～ 30 分钟内让所有物品归位，让家恢复整洁有序。

永不复乱的家由平衡系统和秩序系统组成，掌握了这两大系统思维（见图 1-7），我们就能像掌舵手驾驭船只一样掌握家的平衡与秩序。接下来，我将教大家如何用简单的步骤建设这两大系统，让家始终保持整洁有序，让生活更加宁静、愉悦。

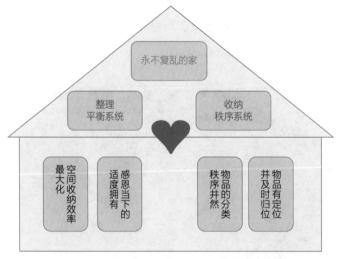

图 1-7 "永不复乱的家"背后的两大系统思维

第 2 章

高效整理五步法
打造永不复乱的家

我在自序里讲过，要想实现理想的家，首先要达到第一个层级：打造整洁有序、舒适有爱的家。要达到这个层级，整理收纳起着关键作用。本章将教你通过整理收纳让所有物品重新排列组合，从而实现永不复乱的家。

这个整理过程看起来很复杂，毕竟每家都有大量的物品，收拾起来并不容易。但是，大道至简，总结起来就是五步：明确目标、规划、整理、收纳定位、归位。

要想实现整洁有序、舒适有爱的家，首先在全局上我们要明白家的核心意义是满足家人的需求，实现全家人的理想生活，打造有爱、有文化的家。所以，我们在空间规划上需要有以人为本、以终为始的全局思维，让家的每个空间发挥更大的作用，真正为我们所用。

大部分人打算开始整理时不知道该从何下手，有一部分人则会哪里乱就先整哪里。这里整一下，那里理一下，到头来家还是乱的。例如，我们的鞋子，玄关有，阳台也有，如果我们按空间将玄关的鞋子整理好了，但阳台的鞋子又乱了。

我想重点说明的是，全屋整理的过程不是按照空间进行整理，而是按照物品的顺序进行整理。正确的方法是按照物品的七大分类进行整理，顺序依次是衣物类、书籍类、文件类、入口类、清洁类、小物品类和纪念物类。

全屋整理的大流程按照高效整理五步法，整理时分解到每一类物品也同样遵循这个方法。我们按照以人为本的全局思维明确每一个空间的核心功能，在具体每个细分空间时再根据主人的需求和实际的物品情况对内部空间进行合理的规划和整理收纳。

总之，整理时需要兼顾两个方面：整理顺序上要按照物品的七大分类进行整理；整理具体的每类物品时要按照高效整理五步法进行整理。

2.1　明确目标：告别抽象，将需求情境化

我在线下讲课时间过很多学员：理想的家是怎样的？不少学员会回答：理想的家是舒适、温馨、高颜值、充满爱的。其实，这些描述都是抽象的，每个人的标准都不同，在具体实施时，主人和设计师之间就会产生很多偏差。只有让这些理想的目标情境化、清单化，我们才能将抽象的目标变成具体可实现的家。

所以，不管整理什么，我们在整理之前都需要明确清晰的目标，即整理后物品需达到什么样的状态、人在使用物品时体验感如何。例如，如果玄关的鞋子处在混乱状态，影响了你的穿搭和出行效率，以及玄关的美观，那么你整理的抽象目标就是整理出一个既具有美感又方便出行的玄关空间。对这个抽象目标，你需要进一步拆解：就美感而言，你希望玄关呈现什么

样的氛围、灯光、颜色、柜体款式等；就方便出行而言，你回家时怎么换鞋、放包、拆快递，怎么放东西最方便和高效，出门时如何拿车钥匙、雨伞、包等更方便，这些情境需要具象化。

只有将抽象目标情境化，才能让理想的家变成现实的家，并让家兼具实用性和美感。

整理的目标就是满足家人的需求，实现理想的生活方式，打造理想的家。理想的生活方式就是指每位家庭成员喜欢在什么时间、什么空间做什么事情。为了尽可能满足每位家庭成员的需求，我们需要用心对待每位家人，观察他们生活中的点滴需求，并将这些情景变成现实滋养家人的心田。正所谓爱体现于细微之处。

每位家庭成员都有自己的想法和需求，而且需求也分不同的维度。我们需要通过深入沟通，了解他们的真实需求和期望。

美国社会心理学家马斯洛把人类需求分成五大需求，从较低层次到高级层次，分别是生理需求、安全需求、社会需求、尊重需求和自我实现需求。家，就是一个可以满足人类这五大需求的重要地方。

从生物学的角度看，解决衣食住行其实是人类的基本生理需求。但是，在很多家庭中，家庭成员早晨起床找件想穿的衣服都极为困难，往往只能穿着皱巴巴的衣服，吃顿营养早餐的渴望也因为厨房的混乱变成一种奢求。可见，家的混乱会让我们的基本生理需求都得不到满足。

从心理学的角度看，家可以满足人们亲情、友情、爱情等社会需求，可以让人们得到尊重、认可、地位等尊重需求，获得自由、创造、发展等自我实现需求。所以，家是一个让人类感受到爱和生命价值意义的地方，这是人类需要家的重要原因。

从社会学的角度看，人们在家庭中可以学习语言、好的习惯和习俗、信仰、传统文化，以及优良的人格品质、家风家训等，并将它们发扬光大。总之，家文化的发展是推动社会发展的重要动力。

随着时代的变迁，家的形式和内容一直在变，但它的核心本质并没有改变，就是满足家人五大需求的地方，彼此表达爱的地方，也是我们建立家文化的地方。有了这样的思维引导，我们才会明白追求理想的家，不是靠豪华的装修、气派的家具，也不需要跟风别人家的装修形式。我们可以从家庭生活习惯及家人的需求出发，充分让空间和物品为家人服务，让家人实现理想的生活方式。

爱与文化是理想的家最重要的根本，也是理想的家的灵魂表达。空间里有形的人、事、物则是无形的爱与文化的表达，它们如同阴阳两面，相互依存、互为表里。

实现有爱、有文化的家，是需要我们深度思考的，这就是反思力。首先，我们要充分探索自己和家人的需求，从五大需求出发，深度挖掘自己和家人在各个层面的需求，对需求进行情境化的描述。我们需要知道自己在独处时喜欢在什么时间和空间做什么样的事，和家人相处时希望在什么时间和空间做什么事，从而表达彼此的关爱，让家变得更有爱与文化。

如何洞察自己和家人的需求，将其融入我们的理想生活方式，并据此梳理出整理收纳目标呢？

（1）启动五感六觉，明确情境化目标

启动五感六觉，对自己理想的生活进行描述。通过这个过程明确让理想的生活变成具象可见的生活场景。你描述得越详细，现实的家就能越接近你理想的家的样子。

理想的家有时也在不断变化。例如，孩子渐渐长大了，家具摆设的位置需不需要调整，有些家具可能需要换大号的了；孩子需要有独立的私密空间了，他理想的房间是怎样的，尝试让他描述出来；家里老人身体不便，卫生间的地板是不是尽量保持平整和干燥，以免老人活动时摔倒？这些细节都值得我们留意。

（2）功能分区

依据家人的需求，通过对五大要素的梳理，将家庭空间划分为具体的功能区域。例如，为热爱阅读的家庭成员创造宁静的阅读角落，搭配柔和的灯光和舒适的椅子，还有方便拿取的书柜；为"两孩"打造舒适的玩耍、休憩之地，在玩具柜旁边配上防滑地毯和可调节的躺椅。这样精细的布局能更有效地利用空间，满足家人日常的各种需求。

（3）优先级排序

掌握家人的需求后，我们要对各项需求进行优先级排序，思考哪些需求是最迫切需要满足的，哪些是次要的。最重要的核心功能需在最重要的空间里落实，并确保使用的舒适度。

例如，王先生一家四口住了 3 年的 120 平方米的房子，因为家人不擅长整理收纳而处在一片混乱的状态。他们要如何做，才能打造整洁有序、舒适有爱的家呢？

在客厅里，家人的需求有喝茶、阅读、聊天、躺在沙发上看手机、休息玩耍等。夫妻双方都有喝茶和看书的习惯，女儿也喜欢看书，希望和父母一起看书。通过沟通，我们明确了客厅的核心功能是喝茶和阅读。那么，为了优先满足这个功能，长桌就会成为空间主角，放在最核心的位置，而躺在沙发看手机等作为次要需求，只需要布置一个单人沙发或双人沙发即可满足，此时沙发不再是空间的主角。聊天也因为长桌的布局让人与人距离更近而更方便。当然，孩子的玩耍需求等也会融入空间规划里。这样一来，我们就通过明确目标，实现了全家人理想的生活方式。

由此可见，理想的生活方式决定了空间规划布局。规划的过程也是将理想的生活方式目标拆解和落地的过程。接下来，我们要做的就是将确定的需求巧妙地融入空间规划中。

2.2　规划：巧用方法，设计空间布局

来过我家的学员和朋友都说我家的每个角落都是风景，目光所及皆是美好。其实，美好的家居背后蕴藏着一个重要的秘

密，那就是隐藏所有杂物，将美露在外面。这就需要我们提高规划力，在前期空间收纳规划时做好一系列的情境化和清单化设计，实现实用与美观的平衡。

打造整洁有序、舒适有爱的家，这个目标是抽象的，也是千变万化的。所以，我们在明确目标时需要对这样抽象的目标进行具象的情境化描述，包括梳理和拆解相关情境的功能清单、物品清单，以及在规划空间时先规划大空间、后规划小空间。

以前文王先生的房子为例，所有规划都是基于目标的明确。明确把客厅改造成家庭书房这个目标后，我们对大空间进行规划，如客厅选用什么家具、家具如何摆放等。大空间规划明确后，我们再进行小空间规划，如图书用什么柜体收纳、柜体内部格局如何设计、如何收纳。而这些规划的细节都源于我们对功能清单和物品清单的梳理。

为了全面准确地掌握家人的需求，我们可以通过表 2-1 系统梳理家庭成员的需求。

表 2-1 家庭成员需求分析

家庭成员	在家时间		活动空间	兴趣爱好生活习惯	常用物品	需求补充
	工作日	休息日				
爸爸（销售经理）						
妈妈（全职妈妈）						

（续表）

家庭成员	在家时间		活动空间	兴趣爱好生活习惯	常用物品	需求补充
	工作日	休息日				
大宝（16 岁）						
二宝（6 岁）						

　　有了这个表格，我们就可以非常清晰地知道每个空间的核心功能和次要功能，以及满足这些需求需要匹配什么物品，这些物品如何收纳才能最高效、美观。当大空间到小空间的规划都开始明确时，五大要素和五大需求就得以平衡或满足，我们理想的生活和理想的家自然就能实现。

　　为了更好地让大家提高规划力，掌握空间收纳规划技巧，我针对"新房"和"在住房"的不同空间需求，总结了几个特别好用的收纳规划基本原则和方法。通过这节内容，大家将学到实用的家居收纳规划技巧，让家变得既美观又实用。

2.2.1　掌握五大原则，轻松做好新房收纳规划

　　如果你的房子正处在装修规划设计的前期，那么以下内容对你来说真的很重要。

　　我发现很多家庭刚搬进新房不到两年，就变得非常凌乱，到处都是杂物，原来梦想的家已经被杂物淹没，这背后的原因

是新房收纳空间不足或收纳规划设计不合理。我也走访过大量居住了几年甚至十几年的家，发现许多花了几十万、上百万元装修的房子，最后却住成了"仓库"，大部分也是收纳空间不足或柜体内部设计不合理导致的。所以，我特别希望大家在新房规划设计之初就留意物品收纳规划设计，避免这样的结果。基于对几百套新房的收纳规划经验，我总结了以下五大基本原则。

（1）以终为始，以人为本

以终为始的意思是以家人最理想的生活方式为导向，以人为本的意思是一切以人的需求为根本。以王先生为例，如果他舍不得放弃原有的沙发，觉得沙发还能用，舍弃了可惜，那么他和家人想要的理想生活就很难实现。因为在他眼里，沙发的价值比一家人理想的生活还重要，就显然没有做到以人为本，而是以物为本了。但是，拥有房子的初衷是为了让居住者住得舒适、安心，并过上理想的生活。

以餐厅为例，我们都期望拥有舒适、愉悦的用餐环境。那么，我们在做规划时不妨思考：理想餐厅是怎样的？餐厅里会发生哪些活动？除了用餐之外，是否还需要其他功能？这些功能需要哪些配套物品？这些物品应如何收纳？

依照这样的思路设计规划的空间才能既实用又美观，才能让人住得安心和舒心。

以我家的餐厅为例，我在设计时首先对自己理想的餐厅进行了情境化的描述，并据此梳理出在这个空间的功能需求和物品清单（见表 2-2），继而确定家具布局和收纳柜体、明确物品收纳方式，最后呈现出的效果如图 2-1 所示。

表 2-2　我的餐厅物品清单

功能需求	物品清单
招待亲友	茶叶、茶具、果盘、零食托盘、茶杯、茶壶、一次性纸杯等
储备零食	各类零食、零食密封罐
就餐	调味酱、酒水、牛奶、橄榄油、餐具
临时办公 / 孩子写作业	（用完归位）
打造仪式感、氛围感	烛台、香薰、电子蜡烛、线香、花瓶、插花工具等
身体保健	枸杞、黄芪、红枣、混合花茶
备用餐具	餐盘、筷子、餐垫等
备用餐椅	折叠餐椅

图 2-1　我家的餐厅

很多人都喜欢我家的餐厅，其实是因为所有需要用到的物品都已经提前规划好了位置。我先确定家具布局，再确定家具的内部格局，让所有杂物都隐藏起来，才有了大家看到的令人砰然心动的餐厅。其他空间的规划设计也是一样的道理。

（2）就近收纳

很多家庭的收纳问题源于收纳柜体的布局不合理，没有依据功能将收纳柜安排在临近使用场景的位置。

以玄关设计为例，我曾为一栋 600 平方米的别墅规划收纳空间。在原设计中，玄关的收纳空间极少，仅能容纳 40 双鞋，设计师将额外的收纳空间安排在了 3 层的阁楼。但是，主人的鞋又特别多。想象一下：取或放一双鞋要爬 3 层楼，家门口恐怕很快就会堆满散发异味的鞋子吧。

住在这栋别墅里的是一个六口之家，针对这六口之家，我估算玄关至少需要有能容纳 150 双鞋的空间，于是提出了更换玄关的意见。当空间允许时，大家尽量遵循就近原则，让同一功能的物品集中在相应的区域。

再如客厅，现在流行极简设计，不少客厅设计方案几乎没有规划任何储物空间。如果你是极简主义者，这样的设计或许合适；但如果你并非如此，特别是如果家中还有孩子，充足的玩耍区域和玩具收纳柜就不可或缺了。同时，客厅里的其他活动需求也需要相应的收纳柜来满足。总之，任何功能的实现都离不开对应的空间和物品。活动空间固然重要，但是根据功能所需匹配相应的就近的收纳空间也必不可少。

（3）收纳空间占比要合适

很多人担心收纳空间不足，就配置了大量的收纳柜，让空间显得很压抑。其实，收纳空间并非越大越好，合适的比例很重要。在《小家，越住越大》一书中，逯薇老师提出收纳占比在 12% 以上比较合适。

收纳占比的计算公式如下。

$$收纳占比 = 收纳投影面积 / 房屋套内面积$$

这里的收纳投影面积是指衣橱、鞋柜、餐边柜、电视柜、橱柜、台盆柜等具有收纳功能的柜体在空间中的落地面积。

对于 100 平方米以内的小户型房而言，收纳占比可以接近 15%。总体来说，12% ～ 15% 是一个相对合适的比例。对于 200 平方米以上的大户型房而言，收纳占比 10% ～ 12% 比较合适。如果收纳占比过高，活动空间将变得局促，整个空间会变得很拥挤、很压抑。

（4）充分利用立面空间

如何在减少收纳投影面积的同时增加收纳容量，提高空间收纳效率呢？利用收纳柜体立面空间就是一种很有效的方法。

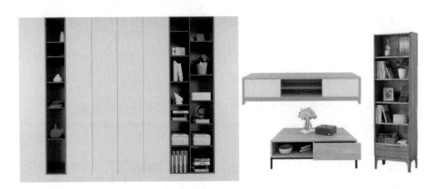

图 2-2　立面空间收纳

从图 2-2 不难看出，传统客厅中通常摆放沙发、茶几和电视柜。然而，茶几和电视柜的收纳容量有限，却占据了相当大的投影面积。相比之下，左图展示的立式柜仅占据了一个电视柜的投影面积，容纳空间却是右图三样家具的 3 ～ 5 倍。也就是说，与零散的收纳柜相比，很多时候立体集成定制柜的收纳效率要更高。

（5）显藏比"2/8"设计

总会有人感到疑惑，为什么在装修阶段看到的效果图里的家和实际住进去的家反差会那么大？其实，这是因为我们在欣赏装修效果图时看到的开放区画面都是美化过的，有统一的颜色、留白和装饰摆件。然而，在现实生活中，一旦开放区过大，开放的收纳柜里存放的五颜六色、形状各异的物品就能变身"颜值杀手"，让空间的美感荡然无存。

所以，我们要清醒地认识到：只有将大部分杂物隐藏起来，只在开放区展示具有美感的物品，这样的家居空间才是美的。这就是显藏比例的"2/8"设计原则。

用对比图更能说明问题。图 2-3 中，左侧展示了全开放式家居空间，尽管从收纳角度讲已经做得非常好了，所有物品都摆放得整整齐齐，但在视觉上仍然有些混乱，也没有右侧的空间那么开阔、舒适。待在哪个空间更让人心旷神怡呢？我相信大家心里已经有答案。

图 2-3　空间显藏比比较

掌握了以上五大原则，我们在新房规划时才能少走很多弯路，为实现自己理想的家奠定空间基础。

2.2.2　旧家"新生"：五大"魔法"还你整洁舒适的家

对于已经在"在住房"住了几年或十几年的家庭来说，杂物成了空间混乱的罪魁祸首。导致这个问题的原因，除了物品数量过多之外，很多时候还在于空间的规划设计不合理或柜体的内部设计不合理。大部分人开始关注空间规划的细节都是在入住以后，只有在现实生活中感受到不便利，才发现家里很多空间规划不合理。如何通过空间规划来改善居住品质，重新打造理想的家呢？

基于多年的入户整理经验，我总结了五大空间改造的"魔法"，它不但可以帮你解决以上困扰，还能让你的家焕然一新，并实现永不复乱。

用好这五大"魔法"，结合后面物品取舍的原则，你就能向高品质生活迈出一大步。

（1）根据需求重新调整空间功能

很多家庭往往会认为空间混乱是空间过小导致。其实，这很大程度上是因为空间的利用率过低，空间的价值没有得到充分发挥。根据家庭需求提高空间利用率，是空间规划的重点。

在我的居住理念里，每个家庭在确定整个空间平面布局时需要确定哪些区域作为全家共享的公共活动空间，哪些区域作为家务功能空间，哪些区域作为独处空间。家庭成员之间需要有融合，也需要有界限；既需要彼此交流的公共活动空间，也需要各自的独立空间。

很多家庭空间混乱背后的原因其实在于空间界限不清晰、

功能不明确，久而久之，导致不同功能的物品无序堆积。

案例故事：从"杂物房"传出的欢快吉他声

有一次，我们整理的家庭是一座宽敞的三层复式楼，一家五口人住在其中。这家的孩子已是大学生，住在三楼的卧室。我们在预采时发现孩子的卧室很拥挤，一张大床和衣柜几乎占领了整个房间。

对于一个大学生来说，显然他很需要一张书桌。就在他卧室的旁边，有一个堆满行李箱和杂物的空间。为了让孩子有专属的独立书房，我们建议将这个"杂物房"通过整理收纳改造成书房。

我们将一部分杂物处理掉，将另一部分移至其他收纳空间，并在这个空间配置了书柜、书桌及休闲沙发。当孩子回家看到全新的书房后，他喜出望外，特别开心。在这个属于自己的空间里，孩子可以尽情地享受音乐，弹奏吉他，还邀请自己的同学和朋友来家中休闲交流。从此，"杂物房"里总能传出欢快的吉他声和孩子的歌声。

这个空间改造不仅提高了孩子在家的舒适度，还大幅提升了他的幸福感。房间整理前后对比，如图 2-4 所示。

／
整
理
前

／
整
理
后

图 2-4　书房整理前后对比

综上所述，只有将每个空间真正为人所用，才能赋予它应
有的价值。

（2）根据使用场景优化空间动线

为什么有些人准备晚餐时不得不手忙脚乱，在厨房里跑来跑去？很可能是因为在规划厨房时没有充分考虑使用场景，导致动线设计不合理，给自己带来了很多困难。

为了避免手忙脚乱的尴尬，我们应该考虑物品的使用频率和场景，合理规划动线。

动线设计因人而异，因空间而异，但都应该服务于空间中的人。简而言之，动线设计要符合以下原则。

- 动线最短：居住者完成每个动作的路径最短。
- 使用最便捷：居住者完成每个动作最便捷，用最少的操作步骤。
- 使用最舒适：居住者进行每个动作时是舒适自如的。

以早晨起床至出门为例，这涉及起床、如厕、洗漱、换衣、吃早餐、化妆、戴配饰、拿包、出门等一系列动作。此时，床与卫生间的距离及开门方式影响起床至洗漱、如厕的便捷程度。衣橱的位置、内部格局和收纳合理性则关乎穿戴的速度。

如果鞋柜的格局不合理，就可能增加换鞋的动线数。居住者为了图省事，就可能直接在家门口脱鞋，导致鞋子堆积在门口，影响家门口的美观，鞋柜就没有充分发挥作用。

为了避免这种情况，在设计鞋柜时就要考虑取放鞋子的便捷度。

很多人把卫生间的纸巾盒安装在马桶的后方，每次拿纸巾都要扭身，显然这个动作的舒适度很差。其实，我们可以通过调整纸巾盒的位置来提升使用者的舒适度。

精确地考虑物品的使用场景，规划合理的动线及使用的便捷度，能够让居住其中的人感到舒适和方便，同时家居环境更容易维持井然有序的状态。

（3）匹配高效的收纳柜体和收纳形式

不同的物品需要匹配不同的收纳柜体和收纳形式。很多时候，人们选择家具却没有考虑物品的特点，所以买来的柜体往往不适用，导致收纳效率不高。

例如，图 2-5 中同样是主卧床尾柜，一个是开门式，一个是抽屉式。显然，开门式柜不便拿取物品，隔板收纳不便于翻寻物品；而抽屉柜更适合收纳折叠衣物，因此比开门式的柜体更胜一筹。

如果不是看到图 2-6 中的厨房吊顶，估计你很难看出来它们是同一个空间吧。左侧的厨房看起来凌乱，收纳空间也严重不足。

我们建议主人增加吊柜、延长台面，这样大幅增加了收纳空间，所有杂物都能隐藏起来。考虑到空间的颜值，我们还建

图 2-5 开门式床尾柜与抽屉式床尾柜

议主人更换柜门的颜色。这样就实现了图 2-6 右侧的效果，厨房是不是给人焕然一新的感觉呢？在这样的空间里做饭，主人会不会感觉心情也特别舒畅呢？

图 2-6　无吊柜厨房与有吊柜厨房对比

（4）改善柜体内部构造

我至少见过数千个衣橱，绝大多数衣橱都存在内部构造问题。很多复杂的构造不但没有解决衣物的收纳问题，反而让衣物没有悬挂的空间。

例如，我的一位朋友家里有一个高端定制衣橱，里面装的也都是大品牌衣物。可惜的是杂物也凌乱地堆叠在柜子中，致使衣橱的"颜值"尽失。关键是朋友找衣物也很困难。后来，朋友参加我的线下课程，学习柜体内部构造知识后拆除了衣橱里多余的层板和抽屉，增加了挂衣杆。改造后的衣橱格局清晰、美观，所有衣物都能一眼看见，让人赏心悦目。改造前后对比如图 2-7 所示。

图 2-7　衣橱改造前后对比

（5）选择合适的收纳工具

工欲善其事，必先利其器。高效收纳离不开好的工具。以玩具柜为例，图 2-8 中左侧是开放式等高柜，右侧是隐藏式不等高柜。由于玩具的形状、大小和颜色各异，全部露出来往往显得纷乱。在这种情况下，右侧的玩具柜显然更实用，也更美观。

图 2-8　开放式玩具柜与隐藏式玩具柜

好的收纳工具不但可以让我们拿取物品更方便，还能提高空间的颜值。在图 2-9 右侧的厨房中，干货和杂粮都用统一的容器进行收纳，让我们打开柜门、看到整整齐齐的物品的那一刻有一种赏心悦目的感觉。选择统一的收纳工具将调味品放入壁面空间后，厨房台面就不再有卫生死角了。

／
使用收纳工具前

／
使用收纳工具后

图 2-9　厨房收纳工具使用前后对比

　　掌握了这五大空间"魔法",我们就能充分地提升每一个空间的使用效率,让它们充分发挥作用。在此前提下,通过整理和物品的关系,对物品进行取舍,让家保持平衡,就能让家焕然新生。

2.3　整理:分类筛选,留下"真爱"

　　当你站在交错堆积的杂物面前时,是否感到不知所措,不知如何开始整理?很多人把整理当成收拾,费了很多时间也只是把物品从一个地方挪到另一个地方,没有分类,没有章法,需要用时依然找不到东西。这中间缺少了一个过程,就是物品整理。

其实，物品整理的过程能帮助你审视自己与每件事物的关系，找到生活中最重要的部分（即"真爱"）。要做好物品整理，你只需掌握四个简单的步骤：集中、分类、筛选、流通。

2.3.1　集中：先集中力量"解决"同类物品

整理物品的第一步，就是集中。

集中时，我们专注于同一使用者的同类物品。例如，整理衣物时，我们不用将家中所有人的衣物一股脑儿地堆在一起，而是可以先将自己的所有衣物集中，直到清空衣橱或房间角落，让自己的衣物一件不剩。

为了确保物品能够被集中并清晰地分类，我们需要提前准备适当的空间。例如，我们在整理衣橱时，可以整理床铺并在床上铺设防尘膜，以便为衣物提供充足的分类场地。

2.3.2　分类：三大类别，高效归类

想要做好整理收纳，分类是关键。我们可以对物品进行三级分类：大分类、中分类和小分类。

在集中的同时，我们可以同步有条理地对物品进行分类。例如，整理衣物时，我们可以一边从衣橱或其他衣物存放处拿

出某位使用者的所有衣物，一边根据衣物的种类进行分类。

例如，我们在整理衣物时，首先按照大分类将衣物分成冬季、夏季和春秋季衣物，然后在大分类的基础上按功能区分外穿和内搭、上装和下装等不同分类的衣物，最后按款式将衣物细分为连衣裙、衬衫、短袖、T恤等，直到不能再分为止。图2-10 所示为衣物分类现场。

图 2-10　衣物分类现场

经过分类后，当所有衣物都清清楚楚地呈现在你面前时，你也许会感叹、喜悦或自责。这时你才意识到，原来自己已经有 80 条牛仔裤、30 多条裙子，很多衣物连吊牌都没拆就被遗忘。物品分类的过程，我称之为"看见"。

我们说家人的需求需要"被看见"，看见就是爱。其实物品也需要被看见，只有被看见的物品才会和你产生连接，才能滋养你！

2.3.3 筛选：选出"真爱"才是目的

当物品被清晰地分类后，接下来我们就进入整理过程中最重要的一个环节——筛选。我们要审视已经分好类的物品，再进行相应的取舍。如果你发现自己竟然有80条牛仔裤，而且其中许多已经很久没有穿了，此时你要毫不犹豫地开始筛选。筛选的过程也是提升取舍力的过程。

（1）提升取舍力从扔掉失去使用价值的物品开始

面对取舍时，我们可能会消耗很多情绪，这对很多人来说是艰难的。但是，遇到以下几种无价值的物品时，我们不妨果断舍弃。经过这个过程，我们会大大提升取舍力。

- 功能性损坏：例如，不能正常工作的电器、支撑结构受损的家具等，这些物品无法再发挥原有功能，即使修复也难以恢复原来的性能。

- 外观破损：例如，衣物出现破洞、鞋子磨损严重、物品表面有刮痕或磨损等，这些瑕疵可能影响物品的美观，使用体验也大打折扣。

- 过期：包括过期的食品、药品、化妆品等，这些物品可能对健康或皮肤有损害，不宜继续使用。

- 不具备修复价值：有些物品的损坏程度过大，修复成本较高，此时舍弃可能更合理。例如，相机中的昂贵配件等。

（2）运用五大原则，选出心动好物

如果我问你，你选择朋友有什么标准？我想每个人的答案都会不一样，但大部分人的答案大概是一致的，那就是我们都会用正向、积极的词语来形容自己理想的朋友，如"人品好""有品味"等。

筛选物品的过程也是一样的，我们的焦点要放在自己"真正想要的部分"，而不是"不要什么"。很多人会误以为筛选就是"扔掉不要的东西"，筛选时就苦苦琢磨要扔掉什么，这样就南辕北辙了。其实，筛选是明确"自己真正需要的、心动的、适合的是什么"的过程，这个过程会帮助我们找到"未知的自己"。

筛选物品的过程就是处理我们和物品之间关系的过程，这个过程和选择朋友很像。我们都希望拥有情投意合的朋友，不在多，而在于感情足够深。在生活中就算认识再多的"陌生大叔"[①]，由于缺少情感连接，这些人对于我们也没有太多意义。而家中多年未使用的物品，就如"陌生大叔"一般无法与我们

---

① "陌生大叔"的比喻来自日本著名整理咨询师山下英子。

产生连接。如果这些"陌生大叔"挤满我们的房子，我们不但失去了自己的空间，还找不到自己心仪的"朋友"。大家会选择让自己的房子挤满"陌生大叔"，还是让少而精的"朋友"陪伴在自己左右呢？

筛选物品的过程就像寻找那些令我们愉悦、想要亲近的"朋友"。基于多年积累的实战经验，我给大家总结了筛选物品的五大原则：需要、心动、舒适、适合和适量。

◆ 需要

我们要找出自己真正需要的物品，而且是当下自己需要的物品。

不管物品贵贱，只有当我们需要物品时，物品于我们而言才是有价值的。如果不是我们真正需要的，我们占有它也没有什么意义。

想要的永无止境，需要的其实很少。如果我们的焦点是自己想要的，那么无穷的欲望会让我们永远无法得到满足。如果我们只选自己需要的，我们会发现自己已经拥有了很多，会特别容易得到满足并感恩已经拥有的一切。

庄子曾说："鹪鹩巢于深林，不过一枝；偃鼠饮河，不过满腹。"这意味着只取所需，不取所欲，如此方不为物所累。

◆ 心动

正如交朋友时，我们会遇到一见如故的人，初次相处就特别愉快。这其实源于能量共振。我们的身体也有智慧，能与同频事物"共振"，从而引发心动的感觉。

在我第二次整理自己的衣物时，我严格地按照五大筛选原则做取舍。当我把所有留下的衣物挂出来时，我惊讶地发现筛选过后留下的衣物中有 80% 是大地色系，这种颜色让我感到舒适和愉悦，仿佛"充了电"一样能量满满。

因此，我们在筛选物品时，不妨让自己安静下来，与物品建立连接，感知它带来的情绪。如果我们感受到"能量上扬"或心动之感，那么它便是我们要寻找的"朋友"。

有些人不停地购物，很大程度上是因为他们尚未找到真正令自己心动的物品，从未真正满足过自己、感知过自己，而只是图一时的消费带来的快感。只有那些真正让我们怦然心动的物品，才会让我们产生极大的满足感。当我们越清晰地了解自己的心动之物时，我们才能更轻易地遇到这样的物品，最终让家中目光所及皆是心动的物品。

◆ 舒适

选择物品时，舒适是关键。如同与朋友相处，我们能轻易感知自己是轻松还是紧张，是受滋养还是感到压抑。

筛选物品时，我们需要开启五感，不妨问自己：

"我感觉舒适吗？"

"用它时，我享受吗？"

对于穿起来不自在的紧身衣、昂贵但磨脚的高跟鞋、妈妈给的过时的床品，无论是身体还是心理感到不适，我们都应选择放手，让物品流通。只有这样，品质更佳、更适合的物品才会被吸引到我们身边。

◆ 适合

筛选物品时，我们一定要考虑它是否适合现阶段的自己。

有些女性生完孩子后，身材不再像从前那般苗条。炎炎夏日，她急需一件夏装，即使她眼前有一件自己生孩子前特别喜欢的夏日连衣裙，但此时她已经无法穿上了。

她可能会下决心减肥，这件衣服也一直挂在衣橱里，但她的减肥计划却迟迟未启动。两年后，这件连衣裙仍未发挥作用，如同被打入冷宫的嫔妃。

面对这种情况，她可以尝试两种方法：一是制定减肥计划，设定明确的计划时间段，比如三个月后仍无法穿上裙子，就放手让它流向有需求的人；二是接受自己现在的身材，与过去告别，过好当下的生活，选择真正适合自己当下的裙子，并将不合适的裙子送给有需要的人。

每个人在不同的阶段都有不同的需求，家中的物品应该不断满足需求的动态变化，物品也需要保持动态平衡。有出有进，家才能保持和谐有序。

◆ 适量

《道德经》中有一句话："少则得，多则惑。"意思就是当占有得少时，人会用心对待并有所收获；反之，拥有太多，则可能导致混乱与迷惑。

家的空间有限，我们的时间也有限。因此，我们的欲望需要有边界，要让物品保持适量。放弃不必要的欲望，善待拥有的物品，珍惜它，感恩它，与其形成互相滋养的"朋友"关系。

遵循这五大原则筛选物品，我们将收获一个轻盈自在、有呼吸感的家。

（3）提升取舍力的三大心法

很多人将家住成了"仓库"，却舍不得放手那些完全无用的物品。其背后的原因主要有三点：一是以"物质轴"为中心；二是缺乏阴阳思维；三是未能洞悉拥有物品的本质意义。为了帮助大家打开心结，摆脱物质的枷锁，过上轻松自在的人生，我分享以下三条取舍心法。

◆ 从以"物质轴"为中心转为以当下的"自我轴"为中心

我在线下讲课时，无数次问学员：大家觉得最难舍弃的物品是什么？学员们说得最多的就是"比较贵的物品"。虽然每个人对贵的定义不同，但背后的价值观是"物品的价格比我的感受更贵"。如果我们以当下的自己为中心，就会发现"我的感受才是最珍贵的"，空间和物品都因为服务于人才有意义和价值。当我们以自己为中心时，物品是没有贵贱之分的，只要是令我们感觉好的、使我们愉快的都是"贵的"。"千金难买我喜欢"，只要我们不对比、不攀比，贵贱都在他人眼中，与我们无关。面对任何价格的物品，我们都应以物品"是否给我带来好感觉"为第一衡量标准。

　　与朋友、伴侣的关系一样，任何物品对于我们的意义应该是彼此滋养、彼此赋能，让我们"彼此更好"。空间也是如此，客厅的老三样——沙发、茶几、电视机柜中，庞大的沙发无人使用，客厅的价值没有得到发挥，便成了闲置空间。如果我们愿意放下以"物质轴"为中心的观念，放手让几万元买来的沙发流通，转为以当下的"自我轴"为中心，把客厅改成家庭书房和茶室，全家人将拥有更多的交流互动空间和更好的家庭氛围。这时客厅的价值才真正得到发挥，实现"彼此更好"的意义。客厅改造前后对比如图 2-11 所示，改造后的空间整洁明亮且充满书香气，更能滋养居住其中的人。

改造前

图 2-11　客厅改造前后对比

改造后

图 2-11　客厅改造前后对比（续）

◆ 用阴阳思维引领我们的人生

天下万物都包含阴阳两面，有和无是阴阳存在的基础，它们相互转化、相互依存，一体两面。家是家庭成员身体的容器，一旦失去了爱和文化，就只是一个冰冷的房子。

所有有形的物质给我们带来了便利，但是无形的部分才是真正的价值所在。用阴阳思维引领我们的人生，把有形和无形结合起来，我们才能看到事物的真相。我们购买有形的衣物，其实是想要那个无形的"理想的自我形象"；我们购买有形的书，其实是想要书里无形的"知识和思想"。如果无形的意义不存在，那么有形的物质对我们而言便失去了意义。

用阴阳思维看待取舍，舍弃有形的、无用的物品，我们换来宽敞明亮的活动空间，轻盈自在地生活；舍弃有形的、低品质的、不心动的物品，我们换来怦然心动的人生。有舍才有得，小舍小得，大舍大得。

◆ 借助三个等式重新定义物品的意义

我们一旦拥有阴阳思维，就能立刻明白以下三个等式。

等式一：购买物品（有形）＝金钱＋时间＋空间＋精力＋
情绪（无形）

我们在获得有形的物品时，除了付出金钱，还失去了宝贵的时间、空间，后续管理它还需要投入精力和情绪。这些宝贵但无形的部分容易被我们忽略。

等式二：选择物品（有形）＝价值观＋消费观＋个人品位＋
认知水平等（无形）

我们选择每一件物品，它也是我们的价值观、消费观、个人品位、认知水平的综合呈现。家是由每件物品组成的，所以"家的样子就是你最真实的样子"。家是一面镜子，"家相"照出来的是你的生活方式、生活态度、个人品位和生命状态。

此刻，我想邀请大家环顾一下自己的家，大家对它呈现的状态满意吗？它是大家理想中的家吗？如果不是，大家也许需要做出取舍，把那些无用的、丑陋的东西扔出自己的家，只留下那些自己需要的、令自己怦然心动的、匹配自己品位的物品，让自己的目光所及皆是美好。

等式三：我们拥有的物品 = 20% 重要的物品 +30% 执着
的物品 + 50% 被遗忘的物品

如果我们把自己的视角拉高，俯瞰自己的家，就会发现：
对家中 50% 的物品，我们可能已经忘了其存在，它们对我们
毫无价值或价值很低，真正常用的、重要的物品也不过 20%；
此外还有 30% 的物品是我们执着的、舍不得放手的。而我们
拥有物品的本质意义是为我们所用，令我们心动。我们可以先
从那 50% 的被遗忘的物品开始，将可有可无的物品流通出去，
还给自己一个理想的家。

当我们真正理解了这三个等式时，我们对物品的认识就会
有新的视角。当我们舍弃了一些不必要的物品时，其实我们同
时去除了一些不良的价值观或消费观。我将这个过程称为"以
物为镜，格物致知"。

如果根据以上原则和心法，大家已经筛选出自己不再适合
或需要的物品，却不忍心"放手"，那么不妨对自己提出"灵
魂三问"。

- 拷问 1：这件物品能给我的生活增加价值吗？我有多久没
  用过它了？

- 拷问 2：如果把时间拉到当下，我还愿意再花钱买下这件
  物品吗？

• 拷问 3：它能匹配我的"理想王国"吗？家里有地方放吗？

相信此时，大家的心中已浮出清晰、确定的答案。

通过运用筛选的五大原则、取舍的三大心法及"灵魂三问"，我相信大家一定能穿越过量物质的泥潭，开启轻盈自在、怦然心动的全新人生。

2.3.4 流通：带着感激，送"好友出嫁"

整理的最后一步是流通。我们对筛选后的物品进行合理的收纳，对不再需要的物品则进行流通。流通不同于丢弃，它是一种美好的行为，不仅能让我们的物品获得新生，还能让我们的心灵变得更加轻松和富足。当我们开始尝试让物品流通时，我们会发现自己打通了一个温柔的循环。

（1）表达感恩之情

在决定将物品流通时，首先要对它们心怀感激，回想它们曾经为我们带来的快乐时光和便利生活，然后放下我们对它们的眷恋和不舍，让它们寻找新的主人和新的使命。

例如，我们想快速流通 50 件衣物，就可以把待流通的衣物平整叠好，默默地对它说"谢谢你，我爱你，对不起，请原谅"，并在箱子外面贴上一张纸条，写上"有需要的人请拿走"。我们将箱子放在小区人流比较多的地方，很快就会有人将它取走，这些衣物就会有新的主人。

（2）选择合适的流通途径

为了让物品找到更合适的归属，选择合适的流通途径至关重要。市面上有很多平台或组织可以帮助我们实现流通，如"白鲸鱼旧衣回收""飞蚂蚁""闲鱼"等平台。我们可以在这些平台上发布自己想要流通的物品信息，让有需要的人发现它们。

注意，千万别把"娘家"或"亲戚"作为物品流通的去向，这样做可能会给他们带来额外的负担和压力，甚至影响关系或感情。除非，他们真的非常需要或特别喜欢我们要流通的物品。流通的目的是让物品找到更合适的归属，而不是把自己不要的东西强加给别人。

通过流通，我们会发现生活空间变得更加整洁和宽敞，心情也变得更加轻松愉快。因为那些带给我们美好记忆的物品通过流通找到了新的使命，我们会感觉自己也重获新生。如同老朋友远嫁了，我们会为她的幸福新生活感到欣慰。

试试吧，大家会发现流通的无穷乐趣！

2.4 收纳定位：有效收纳，物也有"家"

经过一番取舍，留下的就是我们需要和心爱的物品。为了方便主人便捷地取用，接下来的任务就是为它们找到适合的、固定的"家"。最终能否呈现整洁有序的、理想的家，关键靠我们的收纳力。那么，我们如何提升收纳力呢？

2.4.1 通过五大要素决定物品的收纳位置

行动之前，我们要先把物品的"身世"搞清楚，要考虑谁会使用它们（人）、做什么事时需要（事）、在什么时间使用及使用频率如何（时间）、在什么位置使用（空间）、有没有其他配套的物品（物）。也就是先梳理五大要素，整合这些信息后才能给物品找到一个最合适的"家"。然后，我们再根据位置、大小和具体空间选一个"房子"——收纳工具来安置它们。

我要给家里的帽子找个好归宿。我和女儿都会戴帽子，女儿只在偶尔出门玩耍时需要，我在外出和直播时经常使用。数量上，我的帽子多，女儿的少。鉴于我家的空间特点，玄关柜恰好有一个隔板区，帽子通过隔板区陈列收纳就比较适合。因此，这里的隔板区就成了帽子理想的"家"！

女儿的帽子大多是遮阳帽，全部集中在玄关，这样她在出门时就方便取用。我当季的帽子和礼帽也放在玄关，这样方便我在直播和外出时取用。而过季的帽子，我就收纳在自己房间的九斗柜抽屉里，这样抽屉就变成了这些帽子的另一个"家"。

通过理清帽子的"身世",我为它们找到了合适的"家"。

2.4.2　让家井井有条的六条收纳原则

要让家里井井有条,我们必须牢记六大收纳原则。它们适用于整理各类物品,是让家不复乱的通用妙方。

（1）**高频优先原则**

最高频使用的物品优先放在最方便拿取的位置。例如,笔和橡皮就放在书桌上,其他不常用的文具可收纳在抽屉中作为备用,如图 2-12 所示。当然,抽屉内也应根据种类将文具分类。

桌面高频使用文具　　　　　　　抽屉备用文具

图 2-12　文具收纳

（2）**就近原则**

这个原则意味着物品在哪里使用,就收纳在使用场地的附近。例如，我们经常在门口拆或寄快递，那么拆或寄快递时要用的工具，如剪刀、胶带等就需要放在玄关处。

（3）集中原则

同类物品集中收纳，方便寻找。例如，孩子做手工用的彩纸、卡纸、剪刀、胶棒等可以放在一个收纳盒里，这样一眼就看得到，使用效率可以提高不少。如果它们分散在家的各个角落，孩子想要做手工就会很麻烦，做手工的积极性也可能受影响。

同类物品集中收纳的好处不仅是方便查找，还能让主人清晰地知道每类物品的具体数量，减少很多不必要的浪费，"一个孩子有60多块橡皮"这类事情就再也不会发生了。

（4）固定原则

集中收纳后的同类物品应贴上标签并固定位置。这样每次用完就放回原位，下一次需要时也容易找到。

家是一个动态变化的系统，物品会随着生活方式的变化而变化。例如，对于厨房中的快消品，可以专门划出一个固定区域来收纳，这个区域是相对固定的，但里面的物品是变动的；对于长期使用的物品，则可以固定其位置。

（5）界限原则

界限原则是指在不同类别的物品之间用不同的收纳工具做好界限分隔。这样不同类别的物品才不会混淆在一起，才能确保每类物品有固定的"家"。让每类物品保持界线分明是收纳必须达到的效果，这也是图 2-12 中文具在抽屉里要分格收纳的原因。

（6）限量原则

限量原则就是物品的数量不能超过该类物品所在空间的最大容量。收纳有度，物品数量不宜超过规划的上限。例如，假设衣柜在空间规划合理的前提下最多能容纳 200 件衣服，那么衣服的总量就不能超过这个数量；当衣柜的衣服数量接近 200 件时，就要遵循"一进一出"原则，新买了一件，就应流通一件。

留白是美学里的重要手段，也是收纳的原则。一般来说，收纳后，柜体内物品占用 80% 的空间为宜。

透明或半透明的柜门内，建议物品占据的空间控制在 50% 以内。50% 的存储比例既能满足收纳需求，也能避免柜体内部显得过于拥挤。

开放式展示空间，如隔板展示区或开放柜体，建议物品占据的空间控制在 30% 以内。开放空间需注重整体效果，物品太多会显得密集而凌乱。30% 的占用率可以确保物品之间有一定的间隔，也方便人们观看和取用。

对于台面或桌面这样的开放式空间，建议物品占用的空间控制在 10% 以内，这样可以使必要的物品置于手边，但桌面仍显整洁宽敞。

我们只有严格地遵守限量原则，用空间的大小限制物品的数量，用物品的数量限制自己的欲望，才能达到家庭空间收纳系统的平衡，让家保持永不复乱的状态。

掌握以上六大收纳原则后，我们做任何物品收纳都可以这些原则为标准，衡量物品收纳是否科学有效。

2.4.3　如何挑选合适的收纳工具

我们每个人都需要有一个安放自己的住所，家容纳的是身，安的是心。对物品而言，每个罐子、盒子是容器，也是"家"。只有让每一类物品"有家可回"，才能让物品在每次用完后"有位可归"，永不复乱的家才能真正实现。

选择合适的收纳工具能大幅提高收纳效率。那么，如何挑选收纳工具呢？我的建议是先确定物品存放的空间，量出空间尺寸和物品大小，接着根据尺寸、颜色、款式和材质挑选合适的收纳工具和形式。

（1）实用收纳工具的六大特点

- 尺寸合适：选择收纳工具时，尺寸要恰到好处。测量柜体内部尺寸后，要计算出合适的收纳盒尺寸。例如，在层板之间加收纳盒时，收纳盒的高度最好不超过层板之间高度的 3/4，以保持拿取和视觉舒适度。

- 自然环保：选择收纳盒时一定要留意材质，尤其是与食品直接接触的食品收纳盒等，以确保健康。我建议大家优先选择自然环保材质的收纳盒。

- 匹配环境：高颜值的收纳盒需在材质和颜色上与周围的环境协调。例如，在轻奢风格的客厅中，开放区的收纳可选用与现代轻奢风格相符的皮革收纳筐，这样能够与家居风格融为一体，减少视觉杂乱感，提升空间美感。

- 方形为主：与圆形及不规则形状相比，方形收纳盒更能充分利用空间，便于叠放，实用性强。

- 取放容易：我建议选择易于抽拉的收纳盒。如果收纳工具光滑、易滑落，用起来就可能不太方便。置于高处或低矮处的收纳盒最好配有手柄，便于取出。

- 统一容器：在同一区域内，选择风格统一的收纳容器，这样可以使空间整体看起来整洁有序且美观。

图 2-13 所示的收纳工具具有上述特点。

图 2-13　合适的收纳工具

什么时候买收纳工具呢？一般来说，在空间规划完成后、开始整理前的3～4天购买收纳工具比较合适，这时可以根据空间的用途和物品的特征计算需要的收纳盒数量。虽然有些收纳类图书建议先筛选、清点物品，再购买收纳工具，但这仅适用于物品较少的家庭。

如果整理后有多余的收纳工具，请大家不要囤积，一定要及时退货，不然收纳工具也会成为占领大家宝贵空间的杂物。

（2）收纳的10种常见形式

收纳形式因物品和空间而异，我在此介绍10种常见、实用的收纳形式。

- 站立收纳：让物品直立，如站立收纳的袜子、衣物等，便于取用且整洁。这样做的好处还在于每件物品都能被一眼看见，它们像排队欢迎我们，这样的细节能增强生活的仪式感。

- 悬挂收纳：利用挂钩或架子将物品悬挂收纳。物品被高高挂起，空间的利用率能得到很大的提升。

- 壁面收纳：利用墙面空间，如安装置物架或挂钩，可有效提升空间利用率。壁面收纳常与悬挂收纳结合。

- 容器收纳：选用合适的收纳容器，如盒子、篮子或罐子，可以让物品归属感十足，空间整洁有序。

- 摆放收纳：物品直接陈列，如展示珍藏的图书、艺术品，可以让家居空间充满个性，独具韵味。

- 自体收纳：物品自我包裹，如用"包子法"收纳棉被等。这样可以让庞大的物品变得紧凑，收纳空间瞬间扩大。

- 分格收纳：使用分隔器将物品分区排列整齐，让每个物品都有自己的专属空间，井井有条，寻找起来也很方便。

- 抽屉收纳：物品置于抽屉内，通常与分格收纳搭配。

- 磁吸收纳：用磁力片固定物品，如磁吸刀架等。这样可以让物品牢牢附着在指定的位置，增强安全性。

- 袋装收纳：用自封袋或收纳袋集中收纳同类物品，可以让物品归类明确，整齐划一，实现轻松管理。

"收纳自查"·小贴士

　　一番收纳定位后，如何知道我们的收纳做得好不好呢？我们可以通过以下 5 点进行自查。

　　①物品归类明确，各有固定的位置和标签。

　　②所有物品一眼可见，分类清晰，界限分明。

　　③物品按需分布，易取易收。

　　④物品陈列有逻辑、规律和美感。

　　⑤不同类型的空间有合适比例的留白。

　　如果大家做到了以上几点，那么恭喜大家，大家的收纳力得到了显著提升哟！

2.5　归位：用完后归位，告别复乱

生活中的细微之处，如洗漱后怎样摆放牙杯和毛巾，实际上反映了一个人的生活品质和态度。随手乱放牙杯和毛巾，与将牙杯放回固定的位置、细心地挂好毛巾，虽然只是小动作，却体现了截然不同的生活境界。

归位是物品管理的自律习惯，这个习惯可以让我们拥有十年如一日的、整洁有序的、理想的家，可以让我们每天省下大量收拾家务的时间做更喜欢的事，可以让我们拥有更和谐的家庭关系。

每天早晨起床后，我都会花一分钟时间整理床铺，用心拉好每个角，让床的每个角落都平平整整的。在这个过程中，我心中默默感恩它带给我的舒适与美好，陪伴我度过安稳的夜晚。当我离开房间时，我会将所有物品归位，让房间回归整洁、美好的状态。晚上回到房间时，我就会有被欢迎的、幸福的仪式感。这样的环境不仅让我心情愉悦、内心平和，更能增强我对家的依恋和感激之情。

生活需要仪式感，打造干净整洁的家是对我们现有生活自尊水平的基本仪式，打造温馨舒适的家则是对品质生活追求的致敬仪式。

整洁有序的家也体现了家庭的生活态度。脏乱的背后是懒散导致的失控，整洁的背后则是自律形成的秩序。

在日常生活中，请把物品归位作为对生活表达感恩的基本仪式；请停止抱怨家人的坏习惯，从自己做起，用生命影响生命，从而慢慢让家人都培养良好的归位习惯，让我们能更长久地维持整洁有序、舒适有爱的家，享受自律带来的幸福，内心也会变得更加平和。小小的归位仪式让原本平凡的事物变得与众不同，也让我们对所拥有的事物和生活怀有敬畏与感恩之心。

第 3 章

打造永不复乱的衣橱

俗话说，"人靠衣装马靠鞍"，我们的外在形象很大程度上受到穿着打扮的影响，而这一切的背后离不开我们的衣橱。一个整洁有序的衣橱不仅能极大地提升我们的穿搭效率，更能帮助我们塑造良好的个人形象，从而提升自信。

但是，现实中我们经常碰到一些令人头疼的衣橱问题：衣服找不到、装不下、不好拿、不好放、反复乱、不好看。

那么，永不复乱的衣橱该如何打造呢？整理衣橱的流程依然是按照高效整理五步法：明确目标、规划、整理、收纳定位、归位。

3.1 明确目标：根据五大要素，打造完美衣橱

整理衣橱的目标包括无形的目标和有形的目标两部分。无形的目标是通过整理衣橱寻找并确定自己的理想穿衣风格，以及外在形象定位。有形的目标就是构建一个拥有五大要素的完美衣橱。我根据自己多年的经验，总结了完美衣橱具备的五大要素：高效、系统、心动、不复乱、不换季。

（1）高效

完美衣橱要让穿衣效率得到最大化，不会使我们因寻找衣

物而浪费宝贵的时间。一旦打开衣橱，所有衣物都井然有序地呈现在我们面前，我们随时都能找到自己需要的任何衣物。

（2）系统

完美衣橱应当展现出系统的陈列。

衣物的摆放以我们的需求为主，分类清晰，各有所属，形成一套有序的系统。职业装、礼服、衬衫、T 恤、运动衫等各类衣物都有各自的存放区域。而在每一个分类中，衣物又按季节、颜色、材质、长度、功能等属性进行细致有序的排列，这样我们就能够轻松地找到自己需要的衣物。

（3）心动

完美衣橱会让人怦然心动。

当我们打开衣橱的瞬间，整齐、有序的空间定会让我们心情愉悦，每一件挂在其中的衣物都是我们精心挑选的，每一件都能让我们心动。每天早晨，当我们打开这样的衣橱、选出一件让自己心动的衣服时，我们的一天将会能量满满。

（4）不复乱

永不复乱的完美衣橱可以让我们省时省力。

只要按照本书分享的方法，一次整理、永不复乱的完美衣橱是可以实现的。

（5）不换季

有读者可能会疑惑，衣橱真的可以做到不换季吗？在空间允许的情况下，答案是肯定的。

我的衣橱就是这样，一年四季的衣物中，80% 被悬挂起来，20% 被折叠存放，我只需依照季节打开不同的柜门拿取衣物即可。

当然，这还取决于我们的衣橱空间和衣物数量。如果我们的衣橱空间刚好能够容纳所有衣物，那么我们就可以把所有能悬挂的衣物都挂出来。如果衣橱空间不够，我们可以挂两季、收一季。例如，夏天时挂春秋季和夏季的衣物，将冬天的衣物用百纳箱收起来；冬天时把夏天的衣物收起来，把冬天的衣物挂起来。

在有限的衣橱空间内，我们的目标就是让空间的收纳效率最大化。将衣物数量控制在这个最大容量内，我们就可以告别换季的烦恼了。

3.2　12 大陷阱：揭示衣橱混乱的主要原因

你的衣橱容易打理吗？注意，衣橱混乱的原因可能不在于衣物过多，而在于衣橱布局不合理。

为了实现高效收纳，我们需要对衣橱布局进行改造优化。以下 12 种常见的衣橱格局问题，你的衣橱存在几个呢？

（1）分区不合理

首要问题经常出现在衣橱的内部分区。如果分区不合理，会导致衣橱用起来不方便。例如，很多衣橱仅设有短衣区，缺乏中衣区、长衣区、裤装区等，中长衣服或裤子就无处可挂，只能叠起来。

在设置分区时，我们一定要确保衣橱内部有足够的挂衣区，并根据衣物长短留出专门挂短衣、中衣和长衣的区域。这样可以避免不同类型的衣物相互混淆，以便我们更容易找到需要的衣物。

（2）多余的层板

我们做个计算：一般衣橱层板的进深为 55 ～ 60cm；按照传统的衣物折叠方式，衣物折叠后长 25 ～ 30cm，仅占据一小部分空间。为了节省空间，我们往往努力向层板上塞衣物，如此就会让衣物里三层、外三层地堆起来。这种折叠存放方式不但让衣物起褶皱，也让我们难以辨认衣物。我们一旦试图取出一件衣物，便会打乱其他衣物，这样收纳显然不好拿，也不好找。因此，层板不适合收纳衣物。

（3）多余的裤架

我们上门提供整理服务时，发现大部分家庭衣橱内的裤架区往往非常混乱。裤架下方通常堆满了杂物或处于空置状态。这主要是因为裤架的收纳效率较低，一次放不了多条裤子，而且裤子挂上去以后容易滑落，导致多数人不太使用裤架。

（4）多余的穿衣镜

穿衣镜无疑是衣帽间的必需品。然而，大多数人将穿衣镜设在衣橱内部，当衣橱内部塞满衣物时，穿衣镜虽然能轻易拉出，但推回去就没那么容易了。久而久之，穿衣镜就变成闲置物品，不仅无用，还占据了宝贵的衣橱空间。

我更建议将穿衣镜外置或安装在柜门上。现在市面上有一些超薄且不易碎的软镜子，可以轻松地固定在墙面或柜门上，这是不错的选择。

（5）不实用的无盖拉篮

无盖拉篮没有封闭设计，易积灰且不易清洁。同时，衣物在这种拉篮中难以保持站立摆放，导致看起来混乱不堪。两个拉篮之间的空间浪费也往往较大。

相比之下，使用具有密封性的 PP 盒，空间浪费小且收纳效率更高。

（6）昂贵的升降挂衣杆

在很多定制衣橱中，那些看似能够充分利用空间的高价五金件，如升降式挂衣杆，其实并不好用。它们本身就占据了20% 的空间，使用者每次取衣时都需要拉下挂杆，而且人要向后退，这使取衣过程非常不便。

移除不必要的升降挂衣杆，并在黄金区替换为普通挂衣杆，使用者只需伸手就能轻松取到自己需要的衣服，则明显方便了很多。

（7）让衣橱变形的伸缩杆

伸缩杆在很多场合被誉为收纳能手，然而在衣橱里使用伸缩杆反而可能会破坏衣橱的格局。这是因为伸缩杆通过向左右两侧扩展来提供支撑，用久了，可能会导致衣橱框架变形。相比之下，传统的固定挂衣杆是更好的选择。

（8）尴尬的衣橱玻璃门

不少定制衣橱喜欢用茶色或灰色玻璃制作柜门并加上灯带，这在展厅里看起来非常时尚。然而，这样的衣橱安装在自己家里，情况就会大不相同，衣橱里五颜六色的衣物尽收眼底，不仅视觉上显得杂乱，还可能产生光污染。

如果衣橱和卧室位于同一空间内，我建议除了部分展示区的物品（如包包、帽子）用玻璃门展示外，其他柜门尽量采用隐蔽式设计。

当然，如果你有独立的衣帽间，不会干扰卧室的视觉感受，那么使用玻璃柜门能够直接看到里面的衣物，便于取用。只要你能保持衣橱整洁有序，这也是一个不错的选择。

（9）双移门里的三等分

如图 3-1 所示，这是一个只有 2m 宽的衣橱，两边的移门各 1m，但内部空间被分成了三个区域，分别宽 60cm、80cm 和 60cm。两边的 60cm 区域都设置了层板折叠区，中间的 80cm 区域设置成了悬挂区，但由于被两个移门隔开，取用衣物时非常不便。

如果衣橱内部结构设计为二等分，使用起来可能会更方便。有些衣橱甚至在中间设置了开放区，用于展示装饰。然而，这样的设计破坏了衣橱最重要的核心功能区，得不偿失。

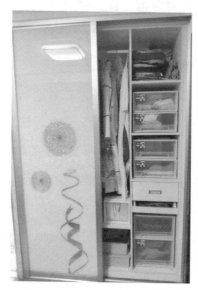

图 3-1　双移门里的三等分

（10）衣橱中间的抽屉

抽屉式收纳是我强烈推荐的收纳形式，通过分格收纳和站立收纳可以让物品一目了然。很多衣橱的中间部分都有抽屉，并在抽屉下方加装裤架，但这往往会使上方的挂衣区过短，下方空间挂裤子又不够。因此，选择合适的位置放置抽屉至关重要。

抽屉比较适合放在黄金区的下方，先确保上方挂衣区的高度，然后在下方设置抽屉。抽屉可以设计成不同的高度，以便放置不同大小的物品。多宝阁和抽屉可以组合使用，以便集中收纳配饰和内搭。

从美观的角度看，定制抽屉的"颜值"比 PP 抽屉盒更高。但是，定制抽屉缺乏灵活性，不能随意移动，而 PP 抽屉盒的成本较低，更环保且位置灵活可变，可随季节变化做出调整，搬家时也方便携带。

至于选择 PP 抽屉盒还是定制抽屉，主要取决于你的预算和个人喜好。

（11）下半部悬空的衣橱

我发现有些衣橱底部是悬空设计，还加上了灯带。虽然这种衣橱在效果图上看起来很时尚，但实际浪费了衣橱空间的底部收纳区，使衣橱内部空间大大缩小，实用性大打折扣。在空间有限的情况下，我们要慎重考虑采用这种设计。

（12）衣橱与床头柜连体设计

为了解决床头柜挡住衣橱门的问题，一些衣橱被设计成和床头柜连接在一起，床头柜上方的空间或作为书柜，或作为衣橱门。

然而，这里存在一个问题。大部分家庭购买的是成品床，而非定制床，床和床头柜通常是配套的。如果将衣橱和床头柜连接在一起，就会出现一种尴尬的情况，即主人买床时只能买一个床头柜。这样的搭配显然是很突兀的，多出来的柜子也会破坏衣橱的整体性。

解决方案就是把靠近床头柜的衣橱门分段，把一扇门改成上下两段，使下面一截和床头柜等高即可。

3.3　衣橱规划的奥秘：合理分区，解锁衣橱空间

明白了问题所在，接下来我们只需合理规划，就能解锁衣橱空间。

3.3.1　三大核心区：解决衣橱收纳的关键问题

设计衣橱时，理想的规划是根据人体工程学和个人使用习惯来设定，以便最大限度地提高使用效率。据此，我将衣橱空间分为三个核心区域，也就是黄金区、白银区和青铜区，如图3-2 所示。

青铜区　黄金区以上的位置
过季衣物、棉被、不常用物品、轻物

黄金区　站立伸手触及的最高处及
微微下蹲能触及的区间
高频使用物品、悬挂衣物、部分折叠衣物

白银区　黄金区以下的位置
次高频、重物、床品等

每个人的身高不同，黄金区也不同（如孩子）

图 3-2　衣橱的三大核心区

（1）黄金区

黄金区处在衣橱主人正常站立伸手向上可以触及的高度，以及稍微弯腰下蹲伸手可以抵达的区域。它是衣橱中最重要的功能区，应存放高频使用的衣物，如常穿的衣物或应季的衣物。这个区域通常包括挂衣区和部分高频使用的折叠衣物区。

（2）白银区

白银区位于黄金区下方，通常需要蹲下或弯腰才能触及。白银区适合存放次高频使用的物品，如床上用品、秋衣、秋裤等。一般来说，衣物折叠区可以设置在这里。

（3）青铜区

青铜区在黄金区上方，超出了正常身高的成人触及的范围，需要使用工具才能取放物品。这个区域一般存放不常用的物品，如换季衣物、备用棉被和枕头等。

基于这三个核心区域，我们可以根据功能再进一步分区。

3.3.2　五大功能区：让衣服收纳有条有理

在三大核心区的基础上，根据功能需求，我们可将其划分为五大功能区：悬挂区、折叠区、周转衣物区、陈列区和储物区，如图 3-3 所示。

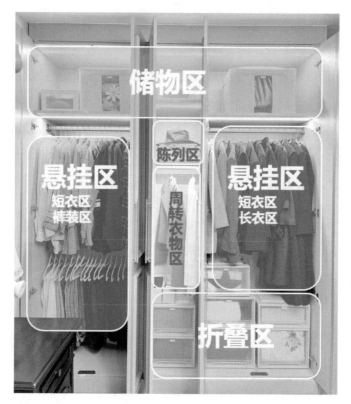

图 3-3　衣橱的五大功能区

（1）悬挂区

这是最常用衣物的收纳区。衣物挂起来可以保持平整，同时方便主人查找。很多人担心的衣物悬挂之后变形的问题，其实是因为没有选对衣架。我建议 80% 的衣物都采用悬挂的收纳方式。

悬挂区的设计需要考虑衣物的长度，可根据短衣、中长衣、长衣和裤装进行分区。各区的高度范围根据人体工程学原理和衣物长度进行设定，其常规尺寸如图 3-4 所示。

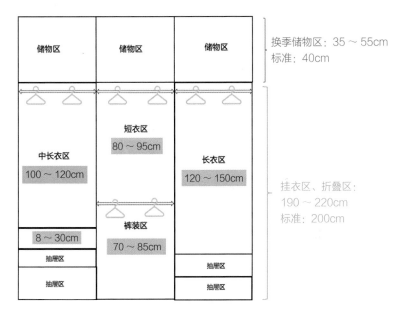

图 3-4　悬挂区的常规尺寸

（2）折叠区

对于不适合悬挂或不需要悬挂的衣物，可以选择折叠收纳。例如，睡衣、秋衣、秋裤、打底裤、床上用品等都可以放在折叠区。

根据收纳物品的大小，折叠区的抽屉内部可以设计为8 ～ 30cm 的高度。

（3）周转衣物区

这是临时存放已穿过但还会再穿的衣物的区域。

大部分的衣橱设计并未考虑到这个需求，缺少周转衣物区也容易导致衣橱混乱。我建议在规划衣橱时就预留这个区域。一般来说，这个区域并不需要太大，宽度在 40 ～ 60cm 即可。对于北方的家庭来说，这个区域需要稍微大一点，宽度在 80 ～ 100cm。

（4）陈列区

对于喜欢包和帽子的人来说，在衣橱中留出专门的展示区是非常必要的。这类物品更适合放在层板上，层板的高度最好能够调节，以适应不同高度的物品。

（5）储物区

储物区主要用于存放过季衣物和棉被，通常设在衣橱的顶部，也就是前文提到的青铜区。

"衣橱规划" 小贴士

◇　考虑年龄和身高

设计衣橱时需考虑使用者的年龄和身高。对于孩子，悬挂区和折叠区应放在衣橱下方，方便他们取用。对于长辈，因为他们下蹲可能有困难，所以悬挂区和折叠区应尽量放在黄金区，这是他们站立可轻松取放衣物的位置。

◇　空间利用最大化

最大化利用空间是提高衣橱收纳效率的关键。除了顶部的青铜区用于存放过季衣物，下方的空间可根据衣物长度，通过挂衣杆和抽屉组合进行拓展。

　　◇　灵活划分功能区域

　　根据需要，可以增设层板陈列包和帽子等饰品，并与周转衣物区组合使用。一般来说，黄金区包含悬挂区、周转衣物区和陈列区，白银区则主要包含折叠区，而一些高频使用的折叠衣物也可以放在黄金区以便取用。

　　请记住，个性化的设计将使衣橱用起来更方便、更舒适。

3.3.3　好用又省钱的衣橱，其实结构很简单

　　无论是衣橱，还是衣帽间，把立面展开，其实都是一个长方形。这个长方形可以分为纵向空间和横向空间，如图 3-5 所示。

　　（1）纵向空间

　　我们把衣橱分为上下两个部分。上面储物区（图 3-5 中黄色的部分）的高度通常为 35 ～ 55cm，常规的尺寸是 40cm。下面的区域（图 3-5 中浅蓝色的部分）是挂衣区、折叠区、周转衣物区和陈列区。

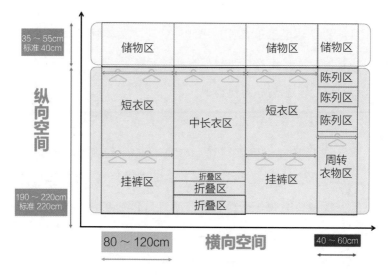

图 3-5　衣橱空间展示

除了陈列区需要层板，浅蓝色区域的其他分区只需要挂衣杆和 PP 抽屉盒就足够了。你可以根据自己的衣物特性决定需要多少挂衣杆。这样的设计不仅节省成本，而且非常灵活。

（2）横向空间

每个分区的大小取决于实际空间的大小和使用者的需要。横向空间中，挂衣区的宽度一般为 80 ～ 120cm，而陈列区和周转衣物区的宽度一般是 40 ～ 60cm。

如果你遇到了 L 形或 U 形的衣帽间，转角的位置最好设置两个短衣区。你可以使用 T 形或丁字形的挂衣杆，这样可以最大限度地提高收纳效率。

3.4　衣物整理：留下"真爱"，提升个人形象

在有限的衣橱空间内，我们要留下最重要、最心动的衣物，从而提升自己的个人形象。

当衣橱通过规划达到最大化的收纳效率后，我们就需要对所有衣物进行取舍。通过集中、分类、筛选、流通四步法，我们可以留下那些真正需要的、令人心动的、舒适的、适合自己的适量衣物。

（1）集中

我们要先为所有衣物找一个比较空旷的地方，可以是床、飘窗或卧室地面，铺上防尘膜或旧床单，然后开始一边清空衣柜，一边对衣物进行分类。要注意的是一次只整理一个人的衣物。

（2）分类

在清空衣橱之前，先确定各季衣物的位置，如春秋季衣物在床的左边、夏季衣物在床尾、冬季衣物在右边。清空衣橱时，一边清空，一边分类。在每个季节的衣物中，根据功能进一步分类，如夏天的长裙、T恤、衬衫等。

> **"衣物分类"小贴士**
>
> 衣物分类方法如图 3-6 所示。

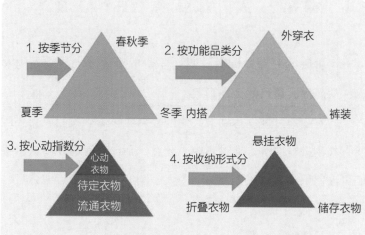

图 3-6　衣物的四个"三分法"

在清空衣橱的过程中，一边清空，一边分类，按季节分为春秋、冬、夏。这是第一次做"三分法"分类。

在每个季节的衣物中继续按照功能进行更细的分类。这是第二次做"三分法"分类。完成这两步后，我们就已经完成了衣物的集中和分类。

接下来，对每个细分的类别按"三分法"进行分类，选出我们喜欢的衣物、准备流通不需要的衣物、处理待定的衣物。这是第三次做"三分法"分类。

最后将剩下的让自己心动的衣物按照收纳形式进行第四次"三分法"分类，分为需要悬挂的、需要折叠的及需要储存的衣物。

（3）**筛选**

当所有衣物按照"三分法"细分后，我们就可以开始对每一类别的衣物进行筛选。衣物筛选需要遵循以下五大原则。

- 需要：问自己是否还需要这件衣物。如果我们很少或者从来不穿它，那么可能就不需要它了。

- 心动：穿上这件衣物时，我们是否感到开心和自信？如果这件衣物不能让我们感到怦然心动，那么它可能就不是我们的理想选择。

- 合适：这件衣物是否适合我们的体形、肤色、年龄和生活方式？一件适合我们的衣物会让我们看起来更好，并且更符合我们的个人风格。

- 舒适：这件衣物穿起来是否舒适？如果穿着它让我们感到不舒服，那么它可能就不是我们想要保留的衣物。

- 适量：我们的衣物数量是否适中？衣物太多可能会使衣柜过于拥挤，而且难以管理。在整理完后，我们要看衣物总量是否合适。

这五大原则既结合了日本作家、"收纳女王"近藤麻理惠的怦然心动法，也结合了我国百姓日常生活的普遍特点，是经过长期实践并具有广泛适用性的衣物筛选方法。

小贴士：果断筛选的 3 个秘诀

1. 面对自己感到犹豫、难以取舍的衣服时，我们可以将其想象成挂在店铺里的新衣服，并问自己：我现在是否仍然愿意花钱购买它？如果答案是肯定的，那么这就是我们真正喜欢的衣服。如果不是，那就可以坦然放手了。

2. 面对衣橱里的衣物，想象一下，哪些是我们真正愿意保留的呢？给那些一直不被重视的衣物一个去处，让它们也能发挥自己的作用。

3. 如果我们身边有一个非常了解自己的人，而且她的穿衣品位很高，我们就可以试穿那些让自己感到犹豫、举棋不定的衣服，让她帮助我们做出选择。

当我们衣橱中的每一件衣服都是自己精心挑选、真正喜欢的时，我们会发现每次打开衣橱都是一种享受，都会带给自己一种强烈的满足感，心中会有一种被治愈的感觉。

（4）流通

筛选后多余的衣物可以通过线上平台如"白鲸鱼""飞蚂蚁""闲鱼"等流通。我们也可以把自己想要流通的衣物折叠好，装在一个干净的箱子或袋子里，贴上"有需要的人请拿走"的纸条，放在人流量大的地方，这样它们很快就会被人领走。

3.5 衣橱收纳四宝：实现完美衣橱的实用工具

衣橱收纳的目标是让五大功能区的物品收纳有序：悬挂区的衣物和裤子适合使用衣架和裤架；折叠区的衣物，我建议使用 PP 抽屉盒；储物区的过季衣物可使用百纳箱；陈列区的包和帽子则可以直接摆放在层板上。

下面介绍整理专家经过多年实践筛选的衣橱收纳四宝，如图 3-7 所示。

植绒衣架

裤架

PP 抽屉盒

百纳箱

图 3-7 衣橱收纳四宝

（1）植绒衣架

植绒衣架有以下五大优点。

- 与一般衣架 2cm 的厚度相比，这款衣架超薄，仅有 0.4cm，大幅增加了衣橱内的收纳容量。如果原衣橱可悬挂 100 件衣物，换上这款衣架后则至少能够悬挂 200 件衣物。
- 植绒衣架可干湿两用，无论是阳台晾晒，还是衣橱悬挂，均可使用同款衣架。这样可以告别衣架五颜六色、杂乱无章的问题，让一款衣架"统一"衣橱。
- 衣架设计遵循人体工程学原理，肩部曲线合适，悬挂衣物时不易起鼓包。除了一些特别的衣物如羊绒衫、羊绒大衣或高定礼服外，80% 的衣物都可以使用这样的衣架。
- 衣架还具备成套挂功能，可以将上下装成套挂在一起，配上适合的配饰，让你每次出门换衣更便捷。
- 衣架采用通体植绒设计，具有防滑功能，不像很多普通衣架那样，衣服挂上后容易滑落。

如果是悬挂儿童衣物，则可选择儿童可伸缩衣架，如图 3-8 所示。

（2）裤架

至于裤架，我有三款好用的裤架推荐给大家。

- 干湿两用可连挂裤架：这款裤架非常适合在长衣区使用，

图 3-8 儿童可伸缩衣架

通过裤子的连挂可以显著增加收纳效率。

· 普通裤架：如果裤子挂在中衣区，就不需要连挂，此时可以选择使用普通裤架。

· 鹅形裤架：如果裤子需要挂在 70 ~ 80cm 高的空间里，那么可以选择使用鹅形裤架。鹅形裤架可以让裤子对折后悬挂，既节省空间，又方便取放。

这三种裤架各有特点，大家可以根据自己的需求和实际情况选择适合自己的裤架。不同的裤架应用场景如图 3-9 所示。

（3）PP 抽屉盒

对于折叠类衣物，我强烈推荐用 PP 抽屉盒收纳，如图 3-10 所示。这种抽屉盒有不同的尺寸，适应不同尺寸的衣橱。衣物折叠后，使用站立式收纳方法，并配合抽屉盒进行整理，

连挂裤架

普通裤架

鹅型裤架

鹅型裤架＋伸缩滑轨

图 3-9　不同的裤架应用场景

图 3-10　PP 抽屉盒

简直可以说是"天作之合"。每次打开抽屉，你都可以看到所有衣物整整齐齐地排列着，就像在接受你的"检阅"，让你赏心悦目。

要实现所有衣物的站立式收纳，你在折叠衣物时需要遵守一条六字法则："长方形，竖起来"。

过去，大多数人都会将床上用品塞在衣橱顶部，每次拿取都非常麻烦。其实，床上用品也可以使用 PP 抽屉盒或百纳箱收纳在衣橱底部。或者，你可以使用"包子法"将一套床上用品整理好后放入衣橱，每次换床上用品时可以一套一套地取出，非常方便。

（4）百纳箱

说到收纳棉被和过季衣物，没有什么比百纳箱更好用了。百纳箱有多种容量可选，如 24L、66L、90L、100L 等，能适应不同的收纳需求。而且，百纳箱顶部和侧边设计了开口，储存物品时可以从上到下依次平铺摆放，取用时也可以直接从侧面拿取，这样就既方便又不会影响其他物品。

此外，百纳箱的两侧还配备了可视窗口，如图 3-11 所示，让使用者可以一目了然地看到里面的物品。

说到百纳箱的容纳能力，那可真是惊人！一个 66L 的百纳箱就足够装下一床 220cm×240cm 的羽绒被，或者大约 100 件 T 恤，又或者 30 件冬装。只有真正使用过百纳箱的人，才能体验到它的容量之大。

图 3-11　百纳箱

有了百纳箱，就可以告别那些形形色色的纸箱和塑料箱了。

3.6　找到"心动因子"，穿衣风格自现

通过"断舍离"找到自己的穿衣风格，真的可以吗？

答案是肯定的。无数娜家人[1]用我这套方法成功找到了自己的穿衣风格，当她们把自己筛选后留下的衣服重新挂回衣橱时，她们自己都惊呆了：天呐，衣服的色系统一了，穿衣风格也浮现了！

那么，具体该如何做呢？以你的衣物为例，一起来寻找你的"心动因子"。

---

[1]　娜家人：笔者创立了"娜家美学整理"平台，平台的整理师也被称作"娜家人"。

（1）找出"心动因子"

凭直觉从你分类好的各类衣物中找出符合五大原则且过去最喜欢穿的那些衣服，并对每件衣服分析说明喜欢的理由。通过分析，找到自己的"心动因子"。

你可以从色、形、质三个维度来分析。例如，颜色上，你是偏爱浅色还是深色？纯色还是花色？暖色调还是冷色调？哪个色系是你最喜欢的？在衣物的形态线条和纹路方面，你是喜欢简约的，还是繁复浪漫的？你欣赏直线传达的干练，还是曲线传递的柔美？你喜欢条纹的还是格子花纹的？材质上，你是偏爱全棉、亚麻还是真丝，还是其他材质？

更进一步，你可以深度剖析自己喜欢的品牌，它的主要风格是什么，这个品牌展示的又是何种生命状态。或者，你可以了解自己最喜欢的演员，在她/他的穿衣风格中，你最喜欢的是哪种风格？这种风格的色、形、质有什么特点，呈现的是什么样的能量状态？

通过这一步，你就能找到自己的"心动因子"，并了解自己适合什么色系、色调，适合什么材质、款式及花纹，从而构建属于自己的穿衣风格。这不仅能让你更明智地选购衣物，还能让你提升自信，更爱自己。

（2）总结"不心动因子"

在你分类好的各类衣物里，找出自己很少穿或从未穿过的衣物，从色、形、质三个方面分析记录背后的"不心动因子"。以后再次购买衣物时，你就要避免选择这类包含"不心动因子"的衣物，减少浪费。

（3）找到穿衣风格

通过"心动因子"和"不心动因子"进行总结，形成的就是适合你的穿衣风格。

同时，对剩余衣物进一步取舍。对于没法立刻决定取舍的衣物，你可以给自己一点时间，等到下次整理时再筛选。

案例故事：我的"衣橱瘦身"

在学整理收纳之前，我的衣橱里、储物间里也塞满了衣服，它们的风格与色系各异。用我妈的话说，我的衣服是"奇装异服"。尽管我每年都花很多钱购买新衣，但我仍然觉得自己的衣橱里"始终少一件"，对自己的形象总是不满意。

其实，这个现象的背后是对自己不满意、不自信的表现：我试图通过各种各样的衣物来包装自己，掩饰自己。但是，衣物真能掩饰内心的空虚吗？

当我第一次面对堆积如山的衣物时，我无法相信自己居然有600多件衣物，而且大量的衣物自己几乎从未穿过，甚至很多吊牌都未拆下，还有很多是别人认为好看而我却很少穿的。我经常穿、真心喜欢的衣物只占所有衣物的三分之一。

在审视那些自己不穿的衣物时，我发现衣物背后其实隐藏了很多潜意识，它们驱使我做出冲动购买的决定。例如，为了证明自己，我会买很贵的衣物，想让别人知道我买得起。有时候，我会被别人的意见左右，买下旁人认为好看的衣物。有时候，为了更上镜，我会买一些黑色的衣物，但买来后又几乎不穿。

所有这些购买决定都是基于"物品轴"或"他人轴"。而当我放下这些并不真正适合自己的自我期待和他人期待时，我就完成了自我接纳的过程。

那些我真正常穿的、真心喜欢的衣物都是基于"自我轴"——以我的感受为中心，它们让我身体感觉舒适，让我心动。

这样的发现让我恍然大悟。原来，只需要回到"自我中心"，开启身体的觉知，让身体与衣物产生连接，然后询问自己的身体感受，身体就会给出答案。

当我开始用心动因子法选择衣物时，我发现自己心动的"色"是浅色、纯色、暖色，如大地色系、红色系；我喜欢的"质"是真丝、亚麻、羊绒；我喜欢的"形"是简约、充满设计感的，在生活中我喜欢宽松、飘逸的长裙。

与此同时，我发现自己对所有颜色特别深的（如黑色、藏青、深灰）、款式特别复杂的、非天然材质的衣物都不感兴趣，而是偏爱穿日系风格、自然风格的衣服，还喜欢在衣服中融入部分中国古典元素。巧的是我的家居风格也具有这种特点，连家中软装色系也与我的着装风格一致！这让我更深入地理解了"全息法则"：很多事物都是互相联系的，一通百通。

原来，我喜欢的是拥有"怡然自得、简单大方、轻松自然"能量状态的自己。我开始逐渐认识自己，肯定自己，爱上自己。以前我每年花费大量的钱买衣物，但对自己的形象始终不满意；现在我每年购买衣物的开支只有过去的五分之一，但我对自己的穿衣风格却感到非常满意，也很享受和衣物之间这种让"彼此更好"的关系。如果你也用心动因子法来寻找适合自己的穿衣风格，我相信你一定也会感到惊喜。试试看吧！

当你穿上真正适合自己的衣物时，你就能全然地展现自己独特的美。那时，你无须再去追逐潮流，因为你自己就是潮流！

3.7　归位习惯成就永不复乱的衣橱

一旦衣橱里所有衣物都有固定的位置，我们每次使用完后花极少的时间将其归位，就能实现永不复乱的目标。这不仅能让我们长期保持高效，还能让我们感到愉快、内心平静。每次打开衣橱，我们都能体验到怦然心动的感觉。一旦体验过这种美好的感觉，我们就会习惯这种归位的方式，从而让它自然发生。一个永不复乱的衣橱不再可望而不可及，它将成为我们美好生活的一部分。

第 4 章

打造永不复乱的厨房

拥有干净整洁、永不复乱的厨房是每位家庭主厨的心愿。要达成这个愿望，聪明的你需要做的不仅是将厨房打扫干净，还要掌握厨房规划和整理收纳的原则与方法。

4.1 厨房里的那些痛，谁用谁知道

厨房是每个家庭基本生活保障不可或缺的地方。然而，厨房也是家庭内特别容易"脏乱差"的地方，我们无法忽视厨房中的那些"难言之隐"。

（1）空间"超载"：厨房空间小、东西多

开发商给厨房预留的空间往往有限，厨房的用品却又那么多，餐具、炊具、电器、食品、调料等塞满了每一寸空间。居住者在这样的厨房烹调时，常常苦于找不到需要的物品，有时找到了又发现已经过期。小厨房的"超载"之痛太典型了。

（2）没地方切菜，做饭如打仗

这恐怕是不少人的共同经历：当台面上堆满了各种各样的物品时，几乎没有空地儿用来切菜、摆放菜篮或烹饪锅具。局促的空间让洗菜、做饭变得极其困难。这让每次进厨房做饭就像打仗，清洗、切割、烹调、清理，一系列工作无不耗费大量

的时间和精力，使人身心疲惫。

（3）面对油污这个"顽固敌人"

厨房的使用时间一长，污渍就会累积在各个角落，并且很难清理，让厨房看起来脏乱不堪。进入这样的厨房，我们不得不面对油污这个"顽固敌人"，心情便难免烦躁。

面对诸多挑战，我们又如何通过整理实现一个干净整洁、永不复乱的厨房呢？厨房整理的流程同样遵循高效整理五步法：明确目标、规划、整理、收纳定位、归位。

4.2　明确目标：让厨房成为"爱的加工厂"

厨房整理的首要目标是打造整洁有序、高效做饭、易于清洁的有形厨房空间。当然，还有无形的目标，因为厨房还被赋予了很多意义：它是家人健康的源泉，是"爱的加工厂"，是幸福的发源地，甚至还可能是接待客人的会客厅。

当厨房变成一个整洁有序、令人心动的空间时，不但可以提升做饭的效率，也能让做饭的人体验到下厨的幸福感，让下厨成为一种乐趣和享受。

4.3　厨房规划：高效实用的厨房布局攻略

打造高效实用的厨房，从做好厨房规划开始。本节将分析导致厨房混乱背后的"罪魁祸首"，并分享高效规划厨房的五大技巧。

4.3.1　让厨房成为"混乱战场"的"罪魁祸首"

很多人投入大量的人力财力，一心想打造一间奢华时尚的厨房。然而，不出半年，厨房就变成了一个"混乱战场"，场面惨不忍睹，实在令人唏嘘！

怎么会这样呢？

除了物品过多这个普遍原因以外，更深层的原因通常是空间布局和收纳工具存在潜在问题。如果我们想要在有限的厨房空间中最大限度地提高收纳效率，首要任务就是避开那些"地雷"，将那些使厨房变成"混乱战场"的"罪魁祸首"——剔除！

（1）"高高在上"的微波炉吊柜

很多家庭的厨房中将微波炉吊柜设计得"高高在上"，这样看似节约了收纳空间，却可能会带来不便和风险。

从高处的微波炉取食物时，容易将食物打翻或让热汤外溅。这不仅浪费食物，还可能引发烫伤。对于身高、灵活性等有限制的老人和儿童，这个问题尤其突出。

因此，我们在设计厨房时，必须确保微波炉吊柜的高度适合居住者的身高和手臂长度。这样不仅后期使用起来更便利，也大大提升了使用的安全性。

（2）难用的上翻吊柜柜门

厨房上翻吊柜初看似乎很时尚，但有一个使人抓狂的缺陷，那就是它们设置的位置过高。尤其是最上方的柜门，手臂根本无法触及。即使想要存放一件小物品，也需要借助椅子完成这样的简单动作。这样的设计给人带来了不便。

因此，我建议放弃上翻式柜门，选择更实用的对开门。

（3）易藏污纳垢的不锈钢调料拉篮

不锈钢调料拉篮看起来能够提供多功能收纳，但实际上其收纳效率极低。

不锈钢调料拉篮的格子十分细小，而且表面镂空，储存物品并不方便。同时，拉篮表面的不锈钢在使用后容易变得油腻，极大地增加了清洁的难度。

因此，我不推荐既不实用又难以清洁的不锈钢调料拉篮。后文中，我会推荐一些真正好用的调料收纳工具。

（4）好看却不实用的拉篮式米箱

拉篮式米箱曾经是储存米的主流工具。但现在看来，这种设计有些过时了。

首先，拉篮式米箱占地不小，在空间有限的小户型家庭中，它占据了宝贵的厨房空间。其次，这类米箱不易清洗，无法被完全取出彻底清洁。当倒入新米时，陈米与新米混合，可能导致虫害和霉变问题。而且，这类米箱并非完全密封，随着时间推移，米粒中容易滋生细菌和虫害，引发食品污染乃至食物中毒。

选择设计简洁的密封式米箱，其实是更好的选择。密封式米箱不仅防潮防虫、清洗方便，而且占地小、位置灵活，可以根据厨房的实际空间来放置。

不锈钢调料拉篮和拉篮式米箱如图 4-1 所示。

图 4-1　不锈钢调料拉篮和拉篮式米箱

（5）只有层板、没有抽屉的橱柜

如果你的橱柜中只有层板而没有抽屉，那么取用物品时你可能需要蹲在地上，一件一件地取出，这样费时又费力。厨房中有很多小物品，如保鲜袋、保鲜膜、厨具、刀具、清洁工具等，如果每次都需要一一放入橱柜内，那将十分麻烦。久而久之，你难免会选择直接放在台面上，从而造成了台面混乱。

解决这类问题的方式就是使用不同高度的抽屉式收纳，这样你只需站立或轻微弯腰，所有物品便一目了然，取用也方便。而且，不等高的设计也便于分类储存不同大小的物品。

（6）占据过多空间的设备柜

随着各种厨房电器的增多，厨房的可用面积就会越来越小。等你发现自己的厨房空间被各式各样的电器占据时，恐怕已经难以挪动它们了。当厨房的每个角落都堆满物品时，就会给人一种无法呼吸的压迫感。

尽管这些设备看似不可或缺，但其实有很多功能并不那么常用，有些设备的功能甚至是重叠的。因此，我建议只保留常用或必需的设备，让厨房设备柜和储物空间比例合理。如果你希望厨房空间告别拥堵，那么设备柜的面积最好不要超过收纳空间的 40%。

（7）开放区带来的油腻挑战

很多设计师为了追求时尚风格，在厨房中也设计了一些开放式区域，用来放置装饰摆件。这样的设计在无油烟空间里或许可行，但是依照我国多数家庭的烹饪习惯，烹饪时通常会产生大量油烟，将开放式区域设计在厨房里，无异于给厨房"添堵"。这样不仅增加了很多清洁死角，而且不可能在这种油腻的环境里摆放美观的装饰品，取而代之的是摆放各种厨房杂物，最终使厨房乱作一团。

我强烈建议厨房内不要设计开放式柜体，所有收纳最好都采用隐藏式设计。即使在厨房台面上，我们也应尽量少放物品，保持空无一物的状态，这样才能让厨房的清洁工作变得更轻松。

4.3.2　厨房空间大开发：厨房高效规划布局的五大技巧

如何在有限的厨房空间中尽可能地开发厨房潜力，提升使用效率，实现高效存储呢？本节将分享 5 个实用的技巧，即选择高效的 U 形布局、规划最佳动线、充分利用立面空间、开发低效空间、增加抽屉占比。

（1）选择高效的 U 形布局

设计厨房时，选择合适的布局极其关键，因为这将决定空间的利用率和使用者移动的路径长度。常见的厨房布局包括 I 形、L 形、U 形、Ⅱ 形，如图 4-2 所示。其中，U 形厨房布局通常是最佳选择。

图 4-2　常见的厨房布局

U 形布局的厨房具有以下优势。

- 最大化地利用空间。

- 存储空间更长。

- 烹饪和准备食材时，移动路线最短。

- 在厨房中心留出了开放空间，能带来更好的空间感和舒
  适感。

如果你已经拥有 U 形布局的厨房，那么恭喜你，这样的
布局是最高效实用的。

然而，如果你拥有的是其他布局类型的厨房，该如何提升
空间利用率呢？

首先，你需要查看过道的宽度。如果过道宽度超过 120cm，
那么你可以在过道两侧增设一排 25 ～ 35cm 厚的薄柜。这
样，你在拓展空间的同时，还可以留出 85 ～ 95 cm 的过道
宽度。

大多数厨房用品体积小，即使是 30cm 厚的薄柜，也可以
装下很多厨房用品。通过增加薄柜，你可以有效地将 I 形或 L
形空间变为 II 形或 U 形空间，从而显著提高厨房的存储容量
和使用效率，如图 4-3 所示。

如果你的厨房空间狭窄，过道宽度小于 120cm，那么你可
能需要利用壁面空间或其他窄缝空间发挥巧思。

I 形 / L 形
大于等于120cm / 大于等于120cm
小于等于35cm / 小于等于35cm

小身材大容量

图 4-3　将 I 形或 L 形空间变为 II 形或 U 形空间

（2）规划最佳动线

做饭包含一系列复杂的步骤和很多细微的操作。高效的厨房离不开让做饭如行云流水般顺畅的最佳动线。在最佳动线内，即使再复杂的过程，也可以简化。

我们不妨从做饭涉及的五个主要步骤——取、洗、切、烧、装，来梳理设计最佳动线的方法，如图 4-4 所示。

相应地，以下策略有助于实现最佳动线。

首先，将储存食材的设备放在便于取用的位置，如图 4-4 中靠近左侧 A 区的柜子。

其次，将水槽安置在靠近窗户的位置，同时靠近储存食

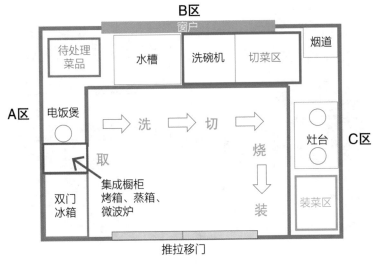

图 4-4　厨房动线图

材设备（如冰箱等）的旁边，但我建议在二者中间预留至少
30cm^2 以上的备菜区。

然后，为切菜区预留充足的空间。因为它是整个烹饪过程
的关键，至少需要 60cm 的宽度。切菜区应位于水槽的右侧和
烹饪区的左侧，即位于"水区"和"火区"之间。

最后，烹饪的主要工作区位于切菜区的右侧，燃气灶或电
磁灶附近放置调料和用于装盘的碗碟。

比较理想的厨房动线布局空间，如图 4-5 所示。

这样的布局可以显著提高烹饪的效率和舒适度。

如果你的厨房布局并未遵循这种动线规划，而更改水槽或
燃气灶的位置可能会带来一些麻烦，那么你可以清理好台面，

图 4-5　理想的厨房动线布局空间

保留足够的烹饪操作空间。除了电饭煲之外，尽可能让台面保持清洁，将杂物收入柜子，并将高频使用的工具挂在墙壁上。这样你将有充足的空间做饭，不再手忙脚乱。

（3）充分利用立面空间

很多人在规划厨房布局时忽视了利用立面空间的重要性，这就导致了厨房空间的浪费。如果我们能够善用墙面和柜子的内侧，将会极大地提高厨房的储物能力。

◆　善用厨房墙面

墙面的柜子和架子是开发立面空间的关键，它们可以提供大量的存储空间。我们可以考虑在墙面上安装挂墙式储物架，以存放调料、餐具等小型物品。将餐具挂在壁挂架上，不仅便于存取，增加视觉的层次感，同时也能释放工作台的空间。台面释放出来，下厨的操作空间就大了，做饭和饭后清洁的效率自然就高。

◆ 合理增设吊柜

如果台面上方有未利用的空间，我们可以考虑安装吊柜以增加收纳空间，如图 4-6 所示。这样原本堆满物品的台面得以清理干净，为做饭腾出了足够的空间。

　调味品置物架　　免打孔壁挂多功能收纳架　　免打孔收纳吊柜

图 4-6　各类吊柜

◆ 增设立体薄柜

如果厨房里有闲置的立面空间或角落，只要不影响通道，增设立体薄柜也可以有效解决厨房的收纳问题。如果我们选择带轮子的收纳柜，还能顺便解决卫生死角的问题。

◆ 选择集成设计的家电

将大型厨房电器如烤箱、微波炉与橱柜进行集成设计，也是充分利用立面空间的有效策略。这种设计既节约了空间，又美观实用。

◆ 充分利用墙面转角空间

为了最大化利用立面空间，小小转角的利用问题也要充分重视。转角空间虽小，但潜力很大。

实用的转角利用方法如下。

- 用转角层架收纳常用的锅具。
- 在转角摆放集成收纳架，收纳台面常用的物品，如刀具、砧板、筷子等。
- 在转角贴上免钉的壁面沥碗架，这样我们拿取碗碟更方便。
- 在转角贴上免钉的调味品收纳架。
- 在转角收纳柜的柜门上贴上壁面收纳盒，柜门就变身为新的收纳空间，成为清洁工具和保鲜袋的"家"。
- 在转角装置伸缩层架，将一层空间变成两层，提高转角的收纳效率。

几种转角空间利用实例如图 4-7 所示。

（4）开发低效空间

在寸土寸金的厨房空间里，有些地方的收纳效率很低，所以往往不被察觉。如果充分开发这些被忽略的空间，就能大大

图 4-7　转角空间利用示例

提升厨房空间的利用率。例如，厨柜的转角区域、橱柜的顶部及厨房中的一些窄缝。

◆　用好厨柜转角区

厨柜转角区往往是最容易被忽视的空间，但它也有很大的利用潜力。我们可以考虑安装转角拉篮，这样我们可以轻松取出角落里的物品。

有些转角拉篮被设计成可旋转的，我们只需要轻轻一推，就能把藏在角落的物品转到面前。

◆　橱柜顶部这样用才对

橱柜顶部一般用来存放不常用的物品，但是如果我们安装一个升降架，就可以轻松拿取储存在那里的物品。这种架子通常安装在柜门内部，打开柜门时，架子会沿着轨道向下滑动，我们可以轻松地取出储存的物品，而无须爬上脚凳。

◆ 充分利用厨房中的窄缝

我们可以在这些窄缝中安装狭长的抽屉或拉篮，使它们变成有用的储物空间，可以存放保鲜膜、烘焙工具、厨房工具等。如果空间足够大，我们甚至可以安装狭长储物柜，收纳食材或零食。

图 4-8 所示为转角拉篮、升降拉篮与高柜拉篮，它们充分利用了厨房的低效空间。

转角拉篮

升降拉篮

高柜拉篮

图 4-8　转角拉篮、升降拉篮与高柜拉篮

（5）增加抽屉占比

在厨房中，合理配置不等高的抽屉并结合分格收纳或站立

收纳形式，可以极大地提升厨房的收纳能力和使用者的体验。抽屉有以下优点。

- 抽屉能轻松拉出，拉出后所有物品一眼可见，使用更加便捷。
- 抽屉内空间可根据物品用途和尺寸分类收纳，让物品更有序。
- 用抽屉储存物品更安全，特别适合收纳易碎品和锋利工具等。

如果厨房的抽屉占比过低，厨房的便利性就会受到影响。那么，适当的抽屉占比是多少呢？

一般而言，一个厨房至少应有超过 60% 的空间用作储物，设备柜占用空间不应超过 40%。在储物空间中，至少有 50% 的地柜面积适合用作抽屉式收纳，这样可以有效地平衡储存需求和操作便利性。

4.4 厨房整理：厨房用品大排查，给烹饪"清条道"

"哎呀，不整理不知道，我家居然有 38 口锅！"

"还真是，光刀具就有 30 多把！"

听起来是不是觉得有点疯狂？我们的整理师还真遇到过不少类似的情形。

很多家庭的厨房里积压了大量的厨房用品，主人对此毫无察觉。他们可能还会习惯性地"买买买"，直到厨房不堪重负、一片狼藉。

接下来，我要带领大家排查厨房用品，把无用的、多余的、品质不高的物品"请"出厨房，给烹饪留出空间。这样才能让我们享受下厨的过程，让厨房成为"爱的加工厂"。

（1）集中：做好"三清"准备

整理厨房用品前，我们要先做好准备工作。

由于厨房中的物品数量较多，需要集中处理。因此，我们要清理出一个足够大的空间（清障），使厨房用品一件不留地分类放置在一片空地上。

在这个过程中，我们可以适当移动一部分家具，同时对物品进行边清空、边分类。当厨房的物品全部清空后，我们可以请专业的保洁人员对厨房进行一次深度清洁。

"三清"过程如图 4-9 所示。

清障　　　　　　　　　清空　　　　　　　　　清洁
（留出一大块空地）　　（不留任何一件物品）　　（做一次深度清洁）

图 4-9　厨房"三清"

（2）分类：**厨房用品大分类**

厨房中的物品种类繁多，我们可以将其分为食材、锅具、电器、餐具、调味品、清洁剂、消耗品、清洁工具和食材加工工具等。

在这些大类别之下，我们还可以细分出一些子类。为了便于记忆，我们可以将每个分类的名称写在纸条上，摆放在地上，然后按照分类将物品放置在纸条指示的相应的区域，如图4-10所示。

图 4-10　厨房用品分类

（3）筛选：**按照五大原则筛选厨房好物**

厨房用品种类繁多、五花八门，其实真正好用、常用的也就只有 20%。

不少人面对那些没有太大用处的厨房用品，会产生"丢了未免可惜"的想法。如果我们希望提升厨房的空间利用效率，可以按照以下五大原则筛选真正适用的厨房好物。

◆ **健康**

无毒无害、自然材质的用品会让我们做起饭来更安心。

◆ **高品质**

制作精良、耐用度高的厨房用品让我们更愉悦，也能陪伴我们更久。

◆ **好用**

根据自己的烹饪习惯和需要，留下真正经常用、用起来顺手的物品。

◆ **多功能**

有一些精品电器具备多种功能。例如，一款家用锅就有十几种功能，可以大大节省空间。

◆ **适量**

重复的、过剩的用品只会浪费宝贵的厨房空间，影响厨房的整洁度。

（4）流通：让物品在别处发挥作用

对于那些经过筛选后发现不太适合或已经闲置很久的物品，我们可以考虑让其流通。

• 重复的、多余的或已经损坏的物品，让它流通或废品回收。

- 一时冲动购买却从未使用过的电器，让它流通。

- 几个月内不会使用的物品，可以考虑流通。

- 不健康、过期或买来从未食用的食材，直接丢弃。

- 外卖送来的一次性餐具（如筷子、勺子和餐巾纸），也直接丢弃，下次点外卖时可以选择不要餐具。

- 一些用处不大、可有可无的物品，直接丢弃。

对于每类用品，只保留使用最频繁的且数量要适宜。即使是备用餐具，也不要保留太多，适量就好。

当厨房用品既有高品质又保持适量时，就像一个人始终保持健康且苗条轻盈的身材一样，心情自然会更舒畅。

4.5　厨房里最好用的三大类收纳工具

通过精细的空间规划和严格的物品筛选，留下的想必都是细心挑选出来的好物了。此时，我们再运用有效的收纳工具，厨房就会更加井然有序。在介绍收纳工具前，请大家留意厨房收纳的以下要点。

- 纵向空间：轻物品放上方，重物品放下方，高频使用的物品放中间，即"上轻、下重、中间高频使用"。

- 横向空间：根据"取、洗、切、烧、装"的动线集中收纳。例如，在取物区放食材，在洗物区放清洁工具，在切菜区放刀具等加工工具，在烧菜区放调味品和锅具，在装菜区放碗碟。

- 干湿分离：用火区应与周边物品保持 30cm 以上距离，避免安全隐患。用水区需要保持清洁和干燥，避免滋生细菌。

- 多种收纳形式组合使用：例如，抽屉收纳搭配分格收纳、站立收纳等。

- 选择统一、通用的收纳工具是提升收纳效率和美观度的关键。

遵循这些原则，再选用合适的收纳工具，我们就能让厨房更整洁、实用和美观。

4.5.1　吊柜区收纳工具

利用吊柜的高度空间，采用干货密封罐等工具，可以让食品取用便捷且有更好的储存环境，如图 4-11 所示。

- 带手柄密封盒：带有手柄，方便取用，可保持食品新鲜。

- 干货密封罐：储存各种干货，密封性好，可保护食物不受湿气影响。

- 升降拉篮：可以有效地利用吊柜空间，取放也十分便捷。

图 4-11　吊柜区收纳工具

4.5.2　开放区收纳工具

在开放区域，通过调味罐及各式免钉壁挂架等设施实现易取用、整齐美观的收纳，同时最大化利用空间，如图 4-12 所示。

图 4-12　开放区收纳工具

图 4-12　开放区收纳工具（续）

- 调味罐：适用于存放各种调料，方便取用。

- 免钉壁挂刀具砧板收纳 / 锅盖架：无须打孔，安装方便，可以节省空间，整齐存放刀具、砧板和锅盖。

- 免钉壁挂式碗碟沥水架 / 壁挂餐具架：无须打孔，安装方便，方便沥水，有利于厨房卫生。

- 免钉微波炉壁挂支架：可提升空间利用率，方便使用微波炉。

- 厨房台面置物架：可利用台面空间存放日常用品。

4.5.3　地柜区收纳工具

通过抽屉式收纳、伸缩置物架、挂钩等多种收纳工具，充分利用地柜空间，方便分类整理各类厨房物品，如图 4-13 所示。

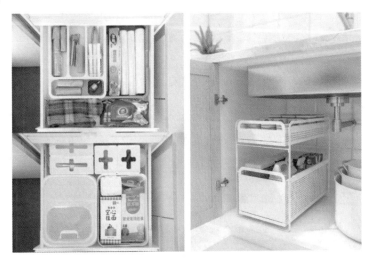

图 4-13　地柜区收纳工具

- 抽屉式收纳：方便分类整理各类厨房物品，使之有序。

- 伸缩置物架：利用地柜空间收纳物品，尺寸可调，适应不同空间。

- 免打孔挂钩 / 圆环挂钩：无须打孔，方便安装，可挂多种物品。

- 伸缩碗碟架 / 伸缩锅具锅盖架 / 伸缩隔层收纳架：方便

141

存放各类厨具，适应不同尺寸的物品，增加地柜空间利用率。

- 转角拉篮：可充分利用厨房转角空间，方便取物。
- 通用收纳盒：多功能的收纳工具，适用于地柜内的各种物品收纳。

案例故事：厨房整理让家重新焕发光彩

钱女士是广州的一位普通家庭主妇，她的家里从玄关的高柜、书房的书桌到厨房的吊柜，甚至连阳台都堆满了东西。这让她感到苦恼，她知道自己需要整理，但又不知道从何下手。后来，她决定寻求专业整理师的帮助，于是找到了我们。

整理师带领她对家中的各个角落进行了彻底整理，帮她对物品进行分类和定位并清理出杂物，终于让她家中的环境变得井井有条。钱女士家厨房整理的前后对比如图 4-14 所示。

让人没想到的是这个看似普通的整理过程，却在不经意间改善了婆媳的关系。原本关系相对冷淡的婆媳由于在整理的过程中一起动手、一起商量，了解了彼此的需求，也感受到彼此对家庭的爱，因而相处越来越和谐。先生也因为看到婆媳关系的改善而感到喜悦和幸福，夫妻之间的隔阂也很快消融了。

整理前

整理后

图 4-14　钱女士家厨房整理前后对比

　　整理收纳的力量远远超过我们的想象，它不仅能让家中的环境变得整洁，而且能让人心情愉悦，让人与人之间相处得更融洽。因为外在的空间变得有序也会带动内心的秩序，让我们收获平和与喜悦的心情，以及和谐美好的关系。

第 5 章

做好六大空间整理收纳，
让家焕然一新

整理收纳是将我们的生活方式轻柔且坚定地嵌入家中每一寸空间的过程。当我们把生活方式"装"进空间时，空间便有了灵魂，生活也增添了色彩。

5.1 打造让家的味道代代相传的餐厅

被誉为"日本国宝级医生"的日野原重明曾说："家庭就是一起围着吃饭。"想想看，家的温馨其实就藏在那一口口饭菜和一声声欢笑里。不管离家多远，我们都会怀念那种刻在记忆里的味道，那就是家的味道。它就像是挥之不去的记忆，代代相传。

餐厅在家庭中有着举足轻重的地位。它不仅是用餐的地方，也是家人分享情感、增进亲密感的空间。它是家的"美食集散地""爱的发源地""家庭会客厅"，带给我们的舒适度和用餐体验很大程度上决定了我们的幸福指数。

5.1.1 选好餐边柜，让餐厅告别混乱

然而，现实是大部分家庭的餐厅却成了杂物堆积的重灾

区。灰扑扑的烟灰缸、各种碗筷、一次性外卖餐具、被撕开一半的包装盒、孩子的玩具、椅背上挂着的衣服……这是很多家庭餐桌上的"常客"。一项调查显示，高达 50% 的家庭餐桌有一半的面积被杂物占据。这种情况下，即使价值不菲的餐桌也变得毫无美感可言。

混乱的餐厅，没有讲究，只有将就。它不仅影响家庭成员的食欲和健康，也影响家庭的关系和氛围。问题出在哪呢？

想想看，餐厅除了用来就餐，还扮演着其他角色，如水果吧、咖啡角、茶室、聊天室，还可能转化为家庭办公室或学习的空间。要满足这些多元需求，相应的配套物品恐怕不少，如餐具、零食、水果、酒水饮料、茶叶茶具等。有婴幼儿的家庭，可能还需准备奶粉、辅食和奶瓶等。

如果餐厅中缺乏餐边柜，这些无处安放的物品，最后就会堆积在餐桌上。要想解决这么多物品的整理收纳问题，我们就需要准备一个实用的餐边柜。

设计或挑选餐边柜时，我建议大家着重考虑以下几点。

◆ 坚持二八原则

餐边柜可设置 20% 的开放区和 80% 的隐藏区。开放区一般设置在餐边柜中部，用于展示精美装饰或常用物品，是餐厅的点睛之笔；隐藏区则用于收纳日常用品。

◆ 设有不等高抽屉

餐边柜的下半部分应配有不等高抽屉，以便分类收纳不同大小的物品。请注意，抽屉的位置可设在朝向走道的一侧，尽量不要设置在餐椅后面，以防抽屉拖拽受限。

◆ 有充足的插座和空间

开放区应设有足够的插座，并保证宽度不少于60cm，高度在50cm左右，以便使用者能方便地充电、煮咖啡或享用火锅等。

餐边柜款式多种多样，既有成品柜，也有定制柜。选择成品柜时，要把握好上述几点。选择定制柜时，则可让柜体与房高相匹配，以获得更大的容量和更高的利用率。柜体尺寸可参考图5-1中的建议。

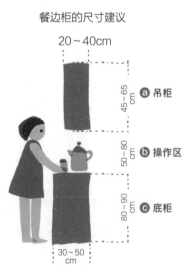

a.吊柜
深度：20~40cm，最深不超过40cm，以免里面的东西不好拿，还容易磕碰到外层物品。
高度：45~65cm，如果太高，最上层的物品不好拿，还容易形成空间浪费。

b.操作区
宽度：不小于60cm，太窄的台面能放置的物品较少，而且如果作为饮水区、咖啡区，操作空间太窄。
高度：50~80cm，可以放各式各样的小家电。推荐50cm。

c.底柜（抽屉为主）
深度：30~50cm，推荐40cm。
高度：80~90cm，高度应高于餐桌。以164cm身高为例，90cm的高度刚刚好。

图5-1 餐边柜尺寸建议

目前，多数定制柜上下（吊柜与底柜）深度一致，尤以40cm 深度较为常见，如图 5-2 所示。

图 5-2 常见的定制柜

5.1.2 餐厅物品实用整理收纳术

餐厅的物品中，有很多属于入口类物品，通常和厨房物品一起分类整理。在收纳时，我们将和餐厅这个使用场景相关的物品都收纳在餐厅，将和厨房这个使用场景相关的物品都收纳在厨房。餐厅物品主要包括水杯、茶具、茶叶、茶点、酒水饮料、零食、药品、保健品、坚果类、日用消耗品及备用餐具等，我们可按照物品的性质和使用频率将它们分成不同的类别。各个类别下，我们还可以进一步细分。例如，很多家庭会在餐厅存放一些药品。药品分类可以参照以下建议。

- 先根据使用者的不同，将药品分为大人常用药和备用药、小孩常用药和备用药。
- 碘伏、创可贴等紧急外用药可单独作为一类。
- 医保卡、就诊卡虽属于文件，但使用场景与药品紧密关联，也适合与药品放在一起。

对于药品，我特别不建议大家大量囤药。同时，我们需要定期清理已过期或长期闲置的药品。我建议大家不要直接丢弃药品，而是拿到附近的药店或医院，那里通常有药品回收通道。

餐厅是一个特别容易堆积物品的地方，很多家庭去趟超市买回来一堆零食，往往就随手堆放在餐桌上，这个习惯不太好。

我家餐边柜有一个抽屉专门用于储存零食。同时，我和孩子们有个约定：如果零食抽屉装满，就不可购买新零食，直到零食不足一半时才可购买新零食。这实际上利用了有限的空间来控制零食的数量，通过物品数量限制欲望，从而使生活空间和物品处于平衡状态，家中就能保持整洁有序了。

我们将筛选出来使用频率高的、心动的、高品质的物品放在方便拿取的位置，如餐边柜中部的开放区，不常用的物品可以放在餐边柜的顶部或底部。在餐边柜中为留存下来的物品找到合适的"家"并贴上标签，收纳定位就完成了。

大家行动起来，和家人一起创造一个整洁有序的餐厅，让家的味道代代相传吧。

5.2　打造全家人爱的交流中心：客厅

有人说，客厅是一个家的门面。客厅的氛围、色彩搭配、物品摆放等犹如镜子，反映了主人的品位、审美和个性。然而，随着人们生活方式的改变，客厅的功能也正在发生改变，客厅招待客人的机会越来越少，在客厅看电视的人越来越少，客厅闲置的概率却越来越高。

客厅是家庭中最重要的公共空间，家庭的氛围很大程度上取决于客厅这个空间。一个整天在家看电视的家庭，和喜爱在客厅看书、写字、喝茶的家庭，显然生命品质和生活方式是完全不同的。在传统的以沙发、茶几、电视为主体的空间布局下，人们一坐到沙发上就自动想打开电视，空间的主角其实是电视，人与人的交流就减少了。

客厅的空间布局彰显着一个家庭的生活方式。很多家庭正在重新定义客厅这个空间，让它变成家庭爱的交流中心。我们可以重新审视自己和家人的需求，把它变成一家人互动交流的中心，借助这个空间，让每一位家人在走进家的一瞬间就能感受家的温度，也能让每一位到访的客人感受主人的灵魂气息，感知主人的精神世界。

5.2.1　放弃"老三样"，家庭氛围大不同

说到传统客厅，想必很多人会立刻联想到"老三样"——沙发、茶几和电视的组合。当"老三样"成为惯例时，客厅就显得缺乏新意。

传统客厅存在的典型问题如下。

- 物品很多，但收纳空间不足，空间管理难度大，容易反复混乱。
- 功能单一，主要用于聊天、会客、看电视等，无法营造文化氛围。
- 老人喜欢看电视，容易影响孩子学习。
- 孩子没有专属的玩具区或活动区，容易导致玩具四处乱放。
- 客厅容易长期处于闲置状态。
- 家人没有共同的活动区。

我们该如何打破这种局面，让客厅的主角从电视重新换成家人呢？

我们不妨重新定义客厅，将其打造成一个多功能的家庭活动室。在这个空间里，爸爸可以在阅读区惬意地读书看报；妈妈可以在茶桌上泡茶；放学归来的孩子可以在学习区探索新知；周末时，一家人可以围坐在客厅，共看一部电影。总之，每位家庭成员的兴趣爱好都可以在此得到满足，并且一家人能和谐共处，形成浓郁的家庭文化氛围。

接下来，我就带大家一起把客厅打造成家人都喜欢待的地方，重新定义我们的生活，让爱在客厅流动起来！

5.2.2　四种新布局让客厅焕发活力

想让客厅变得更加实用、舒适和美观吗？我为大家精心规划了四种客厅布局方案，可以让大家轻松打造出充满个性与品位的客厅。

（1）**第一种布局**

将长桌作为客厅的主角，将沙发变为配角。这时，客厅的空间变得更开阔，并为家庭成员增加了更多面对面交流的机会。长桌一侧可搭配长凳，另一侧搭配座椅。沙发由大沙发改为单人沙发或双人沙发，虽然沙发体量变小了，但依然保留了"躺"的放松功能。布局如图 5-3 所示。

153

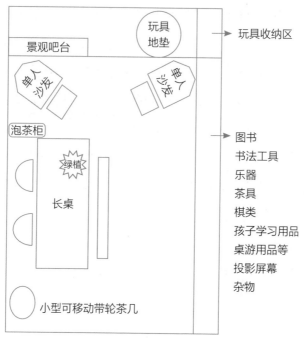

图 5-3　客厅布局（一）

电视柜可改为集成柜或成品书柜，增加收纳空间。柜体里可以容纳图书、茶具、茶叶，以及孩子的学习用品、绘画用品、手工用品、玩具等。所有需要在长桌上使用的配套物品都可以收纳在柜子里。如果阳台无须晾晒，可在阳台地板上铺上玩具地垫，作为孩子的玩耍区。

这样布局的好处是家人可以共同在长桌边看书、喝茶、练习书法、下棋、画画、做手工、玩桌游、办公、开家庭会议、看电影等，更容易处在安静学习的状态。这有利于形成面对面交流的场景，造就更好的家庭文化氛围。家人之间增加了爱的连接，家庭关系自然就变得更加和谐。

（2）第二种布局

如果你家的客厅空间相对比较大，面宽超过 4m，就可以考虑下面这种布局，如图 5-4 所示。

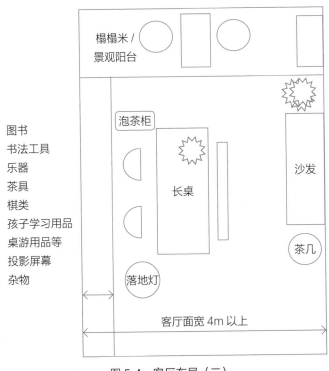

图 5-4　客厅布局（二）

长桌的对面放沙发，沙发和长桌之间留出 90 ～ 130cm 的过道。这样既能保留沙发带来的休闲惬意，也能兼具家庭书房的多种功能。这种布局的缺点是看投影不够方便，观影需求不强的家庭可以考虑采用这种布局。

（3）第三种布局

小户型家庭的餐厅狭小，往往挤在过道上。这种情况下，可以让客厅的长桌兼作餐桌。餐厅的主体空间则根据实际情况打造成放松休闲的空间。这样布局可确保家庭有一个宽敞舒适的交流互动空间，同时也有放松休闲的空间。

阳台上可以开辟一块绿植角，配上单人沙发，打造休闲空间。布局如图5-5所示。

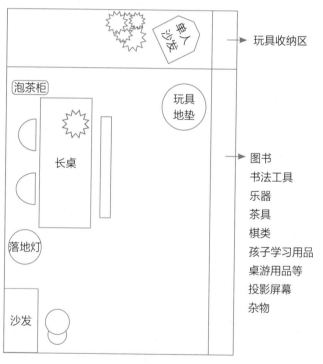

图5-5 客厅布局（三）

（4）第四种布局

如果你既想享受大沙发带来的慵懒和惬意感受，又希望开辟一块家庭成员的共同活动区，就可以将长桌放在主位，沙发置于长桌一侧，转角处增加茶几、落地灯或泡茶柜等，如图5-6所示。

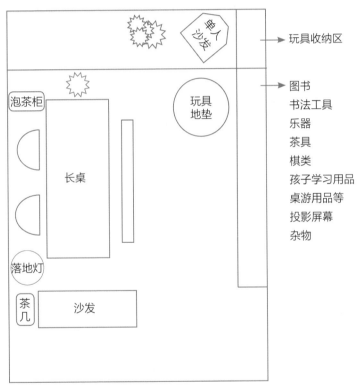

图 5-6　客厅布局（四）

案例故事：从闲置空间到爱的交流中心

这是一个真实的案例，女主人的沙发是刚搬进新家时买的，花了十几万元，加上实木茶几、漂亮的电视机柜、42寸的大彩电，看起来豪华大气，却占领了整个客厅。这个价值8万元/平方米的客厅长期处在闲置的状态，因为先生回家就去书房了，女儿回家后就躲在自己的房间，儿子回来就围着女主人转。这家人的家庭关系一度紧绷。后来，女主人决心改变，她找了几家整理机构，几经对比，最终选择了娜家美学整理平台。

我们梳理了她和家人的需求，根据他们理想的生活方式对空间做了调整。我们将沙发搬走，将电视机换成书柜，并在客厅的中间摆了一条长桌，配了三把单椅和长条凳，左侧配了一个泡茶柜，边上还摆放了一棵大大的青叶榕，以营造一种在大树底下看书喝茶的感觉。在长桌右侧，我们配了一张简洁的三人位沙发。客厅整理前后的对比，如图5-7所示。自从客厅调整后，这家的女儿喜欢在这里画画，儿子喜欢在这里下棋，先生喜欢在这里一边泡茶、一边看书。现在，这里成了一家人最温暖的心动之地、爱的交流中心。

整理前

整理后

图 5-7 客厅整理前后对比

5.3　打造书香四溢的家庭书房

现代社会提倡全民学习，越来越多的人希望成为终生学习者。阅读成为现代人学习的主要途径，购买图书成为一种日常性消费。很多家长都希望自己的孩子能养成阅读习惯，如何为家增添书香气？我们可以从书房的整理收纳开始。而书房整理收纳的目标不仅是把图书摆放整齐，而且是了解自己的天赋才华，找到未知的自己。

5.3.1　通过整理图书找到未知的自己

通过阅读来学习固然是好事，买书是走向阅读的第一步。但是，很多人都有一种错觉，好像书买来的那一刻就已经阅读过了。其实，一个人拥有图书的真正意义是通过阅读促使自己发生改变。真正学以致用，才是拥有图书的意义所在。

所以，在整理书房前，我们可以先让自己思考几个问题。这些问题不仅有助于我们改善阅读的习惯，了解自己的阅读喜好，还能帮助我们更好地规划和整理图书。

问题一：家中哪个角落最能让自己安静下来，尽情沉浸在书的世界中？

问题二：在过去的 5 ～ 10 年里，哪些书对自己的生命产生了深远的影响？它们如何改变了自己的人生观、价值观或其他方面？我称它们为"殿堂级的书"。

问题三：在过去的一年里，自己购买了多少本书？读完多少本？其中哪一类或哪一本书给自己留下了最深刻的印象？你希望在未来的一年里，哪些方面有所提升？希望成为一个怎样的人？

在人生的不同阶段，我的生命曾被不同的书照亮。

高中时代，路遥的《平凡的世界》对我产生了很大的影响，使我感受到生命的坚毅与顽强，让我可以坦然面对生活中的各种困难和历练。

2009 年，张德芬的《遇见未知的自己》激励毕业后处在低谷状态的我义无反顾地踏上付费学习之路，遇见了更好的自己。

2016 年，《怦然心动的整理魔法》解决了多年困扰我的家居混乱和居住品质方面的疑惑，并启发我从软装设计转行到整理收纳，改变了我的人生轨迹。

2018 年，乔舒亚的《极简主义》让我明白人生最重要的事情之一是找到热爱的事业并投身其中。这让我进一步明确了自己的人生使命，全身心地投入整理收纳事业，并立志用余生通过整理帮助千万家庭提高居住品质，提升幸福感，让爱回家。

2020 年，我深入学习了《大学》《道德经》《易经》等国学经典，领略了传统文化的妙处，觉得读百遍千遍也不够。它们让我深刻地体会到中华传统文化的博大精深和智慧的精华，也让我遗憾当今社会很多家庭都缺失家文化的建设。

传承家文化关乎民族的兴旺，它却被当今社会大部分家庭忽视，我特别希望通过整理传播家文化。

因为这些改变我人生的"殿堂级的书"，我的人生发生了巨大的反转，我找到了自己的天赋才华，也找到了自己的人生使命，遇见了更好的自己。可见，书中不仅有"黄金屋"，还有未知的自己。

《道德经》说："为学日益，为道日损。"读书不在于多，而在于精，找到适合自己天赋的就足够了。

5.3.2 这样规划书柜，实用又高效

整洁有序的书房离不开方便好用的书柜。如果你打算定制一款实用的书柜，可以把书柜分为上、中、下三个部分。

（1）上层

上层可以作为展示区，放置图书和装饰物。这个区域的理想进深为 25 ～ 28cm，理想高度为 25 ～ 32cm。

如果使用了活动层板，中间结合一些固定层板会更灵活，但层板的宽度尽量不要超过 80cm，以防止图书过于沉重让层板变形。

（2）**中层**

中间部分或书柜两侧适合设置抽屉，用于存放小件物品和文具等。这个区域的理想进深为 40cm 左右，这样的深度既能保证空间的利用率，又不会让抽屉过深而影响取物。

（3）**下层**

下层适合作为储物区，放置照片、影集、纪念册、电子产品等。这个区域的理想进深为 40cm 左右，理想高度为 30 ～ 40cm，可以满足大部分储物需求。

在设计书柜的过程中，我建议大家多使用活动层板，少量使用固定层板，以增加书柜的灵活性。

这样的定制书柜特别实用。但是，因为柜体的上下进深不同，这类书柜的"颜值"没有通体进深相同的柜体那么高。如果你的书房中小件文具及大尺寸的纪念册、影集不多，那么你也可以选择通体进深 30cm 的定制柜，留出 20% ～ 30% 的空间作为开放区，这也是不错的选择。

5.3.3　图书整理：找到"天赋才华"

图书整理一般在衣物整理之后，方法比较简单，因为物品形态相对比较单一，收纳空间也很明确。图书整理的难度主要在图书的取舍上。

我们可以先对自己有哪些门类的图书做好记录，然后腾出一块空地，将书柜里"殿堂级的书"、塑封都没有拆的书拿出来分别单独摆放，将剩下的书按照记录的图书门类进行分类摆放，接着从每个门类中筛选出自己最喜爱的书，同时把自己打算在近期（1～3个月内）阅读的书单独放在一起。

（1）殿堂级图书里有"你的天赋"

找出对我们产生深远影响的殿堂级图书，记录并分析它们影响或打动我们的原因。这些原因就是我们的"心动因子"，其中可能隐藏了我们的才华。

（2）审视被遗忘的书

找出那些被冷落的图书，记录并反思它们没能影响或打动我们的原因。这些原因就是我们的"不心动因子"。

（3）同类图书只留经典

也许你是很关注时间管理的人，有十几本讲效能的图书。其实，你只需要留下几本这个门类的经典图书，并在生活、工作中践行就已经能达到想要的结果了。

对图书的取舍，我给出的建议是"只留下对自己的未来人生发展有益的书"。我们一定要意识到时间是有限的，而书也是读不完的，我们只能把有限的时间放在自己人生最重要的使命或目标上。

我是医学专业毕业的，但我清晰地知道自己的人生方向，我此生不会去做医生。所以，我在对图书进行取舍时，就对所有医学类图书做了断舍离，并把大学本科证书也舍弃了。

（4）流通

根据"心动因子""不心动因子"，留下自己喜欢的书，将不再需要的书流通出去。流通的方式有很多，可以通过发微信朋友圈找到需要的人，可以捐到社区图书馆、学校或偏远山区等，还可以通过小程序"多抓鱼"售出。

5.3.4　图书收纳：搭建自家"书库"的搜索系统

图书馆的书虽多，分类却十分清晰，管理起来也很轻松。其实，我们也可以像图书管理员一样管理自己的"书库"。

在家里，我们可以通过三个维度对图书进行分类，这样就能轻松地找到自己想要的书。

（1）按类收纳

◆ 按照使用者分类

如果家中有多人使用图书，如伴侣、孩子，那就很适合按照使用者集中一个固定的区域分类收纳图书，这样可以确保每个人都能方便、快捷地找到自己的书。

◆ 按照使用频率分类

有些书是珍藏的，有些书是近期正在看的，有些书是接下来打算看的，还有些书是暂时保存的，可以按照不同的使用频率将这些书在不同的区域集中收纳。

◆ 按照图书本身的属性分类

例如，按照理财类、育儿类、成长类等进行分类。

（2）有序摆放

对不同门类的图书用书靠进行分隔，并贴上标签固定位置。对同类图书可以按照从高到低或从低到高的顺序摆放。

如果按原来的习惯把图书推到柜体底部，因为书的开本不同，摆放时会显得参差不齐。所以，应尽量让书脊向外侧保持平齐，并且和书柜边缘保持 2 ～ 3cm 的距离。

（3）定位贴标

图书摆放好后，可以在不同的分区贴上门类标签，让每个门类的图书都有固定的位置，特别是儿童绘本。这样我们每次读完，就不会向书柜里随便一塞，使书柜很快又乱了。

（4）图书索引

我们还可以为图书创建索引，明确每一本书的具体位置。例如，"生活指南"中的"理财图书"放在第一列书架的第三排，"育儿图书"放在第一列书架的第四排，等等。

我们还可以对图书索引进一步细化，为每个门类的图书创建详细目录。例如，每个门类下都有哪些书，它们分别在什么位置，等等。

完成以上步骤后，记得养成一个好习惯：每次读完书后都将其归位。这样，我们的书房将始终保持整洁有序，从而形成优雅、舒适的阅读环境。

虽然我们大部分人都不是出生在书香门第，但都明白读书带来的好处。那就让我们从打造充满书香气氛的书房开始，一起建设学习成长型家庭，遇见更好的自己，传承家文化。

5.4　打造让孩子健康成长的儿童房

一说起整理儿童房，很多妈妈就感到头疼。玩具太多、绘本四处散落、找东西时总也找不着……儿童房的整理收纳要点不仅在于保持整洁，更在于从小激发孩子的主观能动性，培养孩子的秩序感、生活自主能力、决策能力及动手能力等。

5.4.1　根据孩子的年龄段科学规划儿童房

想让孩子养成良好的秩序感和生活自理能力，家长首先需要给孩子创造一个整洁有序的家庭环境，并带领孩子养成归位的习惯。

孩子在不同的成长阶段有不同的需求，孩子的房间在孩子不同的成长阶段应该匹配不同的空间布局。

理想的儿童房需要具备四大特点：区域功能明确、物品分类清晰、孩子取放方便、每个物品都有固定的"家"。因此，我们需要科学规划儿童房。

我建议大家根据孩子的年龄段进行规划，下面以玩具区为例进行说明。

（1）0～6岁时

这个年龄段的孩子主要在客厅活动，可在客厅为其留出一个专属角落作为玩具区。玩具柜的摆放位置和玩耍区最好设置在一起，地面可增加一条柔软的垫子。这样既能保护孩子，也能给孩子的玩具划出收纳范围。

（2）6～10岁

孩子逐渐长大后，探索欲变得更强。这时可以将玩具区布置在客厅角落或阳台的某个区域，也可以布置在孩子自己的房间。除了尊重孩子的选择，家长也需要很好地建立孩子的边界感和秩序感，让他在尽情玩耍的同时养成归位的习惯。

（3）10岁以后

孩子进入青少年阶段，独立性开始提升，玩具的数量也开始骤减。这时可以将玩具区设在孩子自己的房间，让他学习独立管理和维护自己的空间。

5.4.2　通过整理激发孩子的"惜物"之心

整理儿童房时，物品的筛选取舍也遵循集中、分类、筛选、流通四个步骤。这个过程可以有效训练孩子的取舍力，父母也能在这个过程中找到孩子的兴趣特长，通过整理激发孩子的"惜物"之心。

（1）**集中**

把孩子的某类物品集中在一起，让孩子看到物品的全貌，对物品有更全面的了解。

以玩具为例。当所有玩具集中并分类时，孩子会发现，原来他居然已经有 30 多辆小汽车了。此时让孩子把所有小汽车分类摆放，并让他数一数，通过整理让孩子懂得物尽其用，引导孩子建立正确的消费观。这时也可以借机和孩子约定一些购物规则。

（2）**分类**

我们可以从使用者、体积、材质、功能四个维度和孩子一起对物品进行分类。

在大分类下，我们还可以进一步细分。例如，玩具可以细分为模型类、手办类、毛绒类、拼搭类、棋盘类、乐器类、运动类、角色扮演类、电动遥控类等。物品分类的过程可以锻炼孩子的逻辑思维能力。在娜家美学整理平台的亲子整理线下课中，物品分类游戏也是孩子最喜欢的实操练习活动。

（3）筛选

两周岁以上的孩子就可以自己筛选物品，这能够让孩子了解自己的喜好并懂得珍惜物品。孩子在筛选时，同样可以遵循五个原则：需要、心动、适合、舒适、适量。

- 需要：孩子经常使用的物品，通常也是孩子需要的物品。
- 心动：如果物品能让孩子感到高兴，那么这件物品就值得保留。
- 适合：过于复杂的玩具可能不适合年纪小的孩子，而过于简单的玩具可能无法满足大孩子的挑战欲望。
- 舒适：例如，玩具的大小是否适合孩子握持，玩具的材质是否对孩子的皮肤友好，等等。
- 适量：在规划阶段，我们已划分收纳区，"适量"意味着物品能全部装入这些收纳区。

（4）流通

当孩子选出了自己心爱的物品，面对剩下的物品时，我们可以坦诚地告诉孩子："宝贝，这是我们多出来的玩具，可是还有很多小朋友没有玩具，宝贝愿不愿意把它们分享给需要的小朋友呢？"这时孩子多半会说："愿意！"

我是两个孩子的妈妈，在我的育儿理念中，帮助孩子找到他／她的天赋才华是至关重要的。我们需要通过观察孩子的日

常活动或学习特点找到孩子的天赋所在。例如，当家长买回
20 本书，孩子只看了其中 5 本时，家长不应指责孩子没有看
那 15 本书，而应试着从孩子看完的 5 本书中找到孩子的兴趣
与爱好，其中某项可能正是孩子的天赋所在。

我曾经听亲子教育专家说过，父母要花 90% 的力气帮助
孩子找到他的天赋才华，用 10% 的力气支持陪伴孩子、鼓
励孩子，孩子在充满自由和无条件的爱的环境里就会自主
成长。

5.4.3　这样收纳让儿童房不再混乱

儿童房物品多而细，如果我们用对方法，儿童房也可以永
不复乱。

（1）儿童房物品收纳定位原则

收纳儿童房物品时，我们要遵循以下四大原则。

◆　控制显藏比例

对于不常用或季节性物品，我们可以将其收纳在藏品区；
对于常用的物品，我们可以将其放在开放区。

◆　统一容器

我们应尽可能使用同系列的收纳箱，这样不仅能提高收纳
效率，还能让儿童房看起来更整齐。

◆ 拿取方便

对于同类物品，我们应集中收纳，并且要确保所有物品都易于孩子自己取放。物品的存放位置可以根据孩子的身高来定。

◆ 动静分离

我们应将活动区（如玩具区、运动区等）和安静区（如睡眠区、阅读区等）分隔开，这样有助于培养孩子的专注力。

（2）好用的儿童房物品收纳工具

高低错落的玩具柜、抽屉盒、藤筐、收纳盒、收纳袋、汽车模型展示架、文件袋和密封袋等，都是收纳儿童房物品的好工具。

注意，在收纳定位的过程中，我们要让孩子参与决策。孩子心爱的物品，如每天抱着入睡的泰迪熊等，应让孩子自己决定其摆放的位置。

（3）帮助孩子养成归位的习惯

"归位"是儿童房整理收纳的重要一环，它确保每个物品都能回到固定的"家"。当孩子玩耍后，我们可以鼓励他："宝贝，让我们把汽车都'停'回'停车场'吧！"或者，"让我们帮助动物们回到它们的'家'吧！"这样一来，孩子会愉快地参与整理收纳，并潜移默化地养成归位的习惯。

5.5　打造令人身心放松的卫生间

很多人可以好几天都不待在客厅，但是没有办法一天不去卫生间。然而，这个空间却往往被忽视，经常出现各种功能不足和舒适度不足的情况。例如，大部分家庭的卫生间存在干湿不分离、无法供多人使用等问题，台面上还堆满了瓶瓶罐罐，甚至散发着某种异味。那么，如何解决这些问题呢？别担心，接下来我将带领大家打造令人身心放松的卫生间。

5.5.1　卫生间规划：巧用三大核心收纳区

卫生间里往往物品很多，但是收纳空间却非常有限，甚至有很多卫生间会出现"零收纳"的情况。我们在规划卫生间时，应重点利用好三个主要收纳空间：镜柜、洗脸台盆柜和壁面空间。

（1）镜柜

卫生间最实用的收纳空间就是镜柜。尽管镜柜所占空间相对较小，但其存储容量却不可小觑。在镜柜里，我们可以放置大部分洗护用品，如洗面奶、牙刷、化妆品、小电器等。好的镜柜设计不仅能让化妆过程更便捷，还能为使用者节省时间。

（2）洗脸台盆柜

抽屉式的洗脸台盆柜是另一个关键的收纳空间。除了洗脸用具，我们还可以在这里储存日常用品，如面巾纸、手巾、洗护用品、清洁剂等。

（3）壁面空间

很多卫生间的壁面空间没有得到充分利用。例如，很多家庭用的落地式脏衣篮可以换成壁挂式脏衣篮；很多家里的脸盆摆了一地，选用壁挂式脸盆架就可以腾出地面空间，减少卫生死角；还有很多人在台面上摆放的各式各样的洗漱杯，如果换成壁挂式洗漱套装，就能释放台面空间。

5.5.2　卫生间高效收纳"六剑客"

卫生间难管理的一个重要原因在于空间小、物品多。常见的卫生间物品如表 5-1 所示。

表 5-1　常见的卫生间物品

序号	类别	物品举例
1	个人护肤用品	洗面奶、面霜、护体乳等
2	化妆用品	彩妆、化妆工具
3	个人护理用品	刮胡刀、吹风机、造型用品、牙线、棉签、隐形眼镜等
4	洗漱用品	牙刷、牙膏、梳子等

序号	类别	物品举例
5	洗护用品	沐浴液、洗发水、护发素等
6	洗护工具	毛巾、浴巾、脸盆等
7	清洁工具	拖把、马桶刷、抹布、垃圾桶等
8	消耗品	纸巾、卫生巾、垃圾袋等
9	清洁剂	洁厕液、洗衣液等

拥有一个整洁舒适、高颜值的卫生间，前提是解决物品收纳问题，让美好的物品得到呈现。下面介绍六种特别好用的卫生间收纳工具。

（1）镜柜

镜柜是卫生间的"头号收纳工具"，占用空间小、容量大，可以容纳大部分洗护用品。我们挑选镜柜时需留意镜柜的开门方向，同时尽量选择带有镜箱灯、智能除雾功能的镜柜。这样化妆时光线会更充足，洗完澡时镜子也能快速除雾。

（2）镜柜收纳盒

镜柜收纳盒可以将镜柜空间细分，让不同类别的物品之间保持界限，使每一类物品都有固定的位置，也能避免物品堆积、混乱或掉落。

（3）抽屉式台盆柜

抽屉式台盆柜可以充分利用台盆下方的空间。如果再对抽屉内部进行分格收纳，我们只要拉开抽屉就能一览无余地看到里面的物品，取放物品也将更方便。

（4）**壁面收纳工具**

壁面收纳工具有很多，如壁挂式脏衣篮、壁挂式拖把架、壁挂式脸盆架、壁挂式洗漱套装、壁挂式免钉抽纸盒等。它们被安装在墙壁上，不占地面空间，可以为狭小的卫生间节省空间。

（5）**带轮式窄柜**

带轮式窄柜可以利用卫生间的边角空间。如果洗脸台盆柜和洗衣机之间有 15cm 的缝隙，我们就可以通过窄柜来充分利用这个立面空间，虽然看起来空间很小，却能收纳不少物品。而且，带轮式窄柜便于移动，清洁也很方便。

（6）**隔层板**

如果洗脸台盆柜是开门式的柜子，我们在柜子里添加隔层板，就可以将大空间分割成若干个小空间，更好地分类收纳物品。

5.5.3 如何提升卫生间的心动指数

很多来过我家的学员都会赞叹我家连卫生间都那么美，随便一个角落都让人怦然心动。下面分享一些小技巧，帮助你打造更舒适的卫生间，提升卫生间的心动指数。

（1）点缀绿植

绿色植物能为卫生间增添生机与活力，让卫生间更具自然气息。你可以选择一些喜阴、喜湿的水培植物，如龟背竹、海芋、麻醉木等。我用得最多的是蝴蝶兰。

（2）添加香薰

香薰可以改变空间的气氛。在卫生间里用香薰精油的扩香器或香薰蜡烛，可以大大地改善卫生间的使用体验，让卫生间的空气里弥漫着令人放松的香味。

（3）播放音乐

可移动的蓝牙音箱是我们生活的好伙伴，它可以经常陪伴在我们身边。想想一边听着舒缓音乐、一边泡澡的感觉吧，是不是很美妙呢？

（4）用灯光营造氛围

利用不同强度和色温的灯光营造出不同的氛围，匹配不同的场景或心情。

（5）保持整洁

卫生间应保持台面、地面和镜面的干爽与整洁，这对卫生间的美观、维护及使用者的体验都十分重要。

（6）色调协调

尽量将卫生间的颜色控制在三种以内。卫生间所有外露物品的颜色应接近卫生间的主色调，使卫生间看起来更和谐、美观。

5.6 打造集实用与美观于一身的阳台

大部分人在买房时都会优先考虑房子是否有景观阳台，因为这里承载了很多人对房子的美好梦想，比如拥有一个小花园。阳台是房子中离自然最近的地方，也是最具生活情调的地方。

然而，现实生活中，大多数阳台却挂满衣服、堆满杂物，最终成为杂物的"收容所"。理想（花园）与现实（杂物的"收容所"）之间似乎不可调和，如何弥补这些遗憾，打造实用与美观兼具的阳台呢？

5.6.1 做好规划，解锁阳台潜力

阳台一般分为南阳台（位于客厅外）、北阳台（位于餐厅或厨房外）及主卧阳台（位于主卧外）等。我们可以根据家中的阳台数量规划阳台的功能。

（1）单阳台居室

如果家中只有一个阳台，而且位于客厅的外面，在这样的阳台晾晒衣物，客厅的"颜值"基本就被毁了。因为趋光性是人的本能，而晾晒的衣物不但让客厅显得凌乱，还挡住了视线，让客厅空间变得狭小。

如何改善呢？我们可以将阳台左右两侧作为洗衣、晾衣的功能区，中间留白，作为景观休闲区。这样我们自客厅向外看

时就不会看到杂乱的晾晒衣物，而是远处的景观，视野就变得开阔，心情也变得美丽了。

（2）双阳台居室

如果家中拥有两个阳台，那么我们可以对阳台的功能进行划分。一般来说，南阳台阳光充足，非常适合作为休闲区，这里可以安置一些座椅，配上小茶几，在此喝杯下午茶，十分惬意。北阳台则适合作为功能区，用于晾衣或储物等。有些长辈特别喜欢用阳光晾晒，为此我们可以在南阳台的一个侧面留出少量晾晒空间。当我们确保客厅外面没有杂物、只有景观时，我们就可以和自然更亲密了。

（3）三阳台或以上居室

如果家中拥有三个或以上阳台，除了以上规划，我们还可以将主卧阳台打造成私人阳光房、瑜伽室或阅读角，这将为生活增添更多乐趣。

5.6.2　阳台好物，让小空间变大

以下阳台好物将有助于我们进一步处理好阳台的收纳问题。

（1）多功能、高容量收纳柜

作为阳台的"大管家"，多功能、高容量收纳柜集多种功能于一体，能存放季节性物品，收纳清洁工具，或者放置一些

不常用但又无处安放的大型物品等，使阳台的利用率得到极大提升。

（2）洗衣机和烘干机

洗衣机和烘干机能减少晾晒量，避免受天气影响，大大提升生活的便利性。

（3）洞洞板

阳台的杂物多数是生活杂物，如拖把、抹布、吸尘器、园艺工具、清洁工具等，这些生活杂物比较适合用洞洞板在柜体内隐藏收纳。洞洞板的最大优点在于其超强的自由度和灵活性，我们可以在上面挂载各种小工具，从而使阳台的杂物"隐身"，同时使壁面空间得到充分利用。

（4）壁挂可伸缩晾衣架

壁挂可伸缩晾衣架是我比较推荐的，它有多种样式，长度可伸缩，能比较灵活地安装在各种空间里，不晒衣物时可以折叠起来，能大大节省阳台空间。

5.6.3 如何提升阳台的心动指数

一个独特、有诗意的阳台可以为我们的家增添别样的魅力。那么，我们如何提升阳台的心动指数，打造属于自己的自然诗意之地呢？以下方法或许能为大家带来启发。

（1）**引入绿植**

绿色是大自然的颜色，阳台有了一抹绿，就等于把大自然引入了家。我们可以根据阳台的光照条件选择耐阳或喜阴的植物。

（2）**布置灯光**

合适的灯光布局可以营造愉悦、浪漫的氛围，而太阳能灯是阳台灯光布置的不二之选，灵活又节能。我的家中布置了三台美轮美奂的太阳能月亮灯。明月高升时，女儿会说："我家有四个月亮，三个挂在家里，一个挂在天上。"

（3）**播放音乐**

音乐能帮助我们放松心情，让我们充分享受在阳台的悠然时光。

（4）**增加软装饰**

布艺是阳台的点睛之笔。我们可以挑选自己喜欢的抱枕、桌布，再搭配颜色柔和的陶瓷花盆，让阳台的风格更协调。

（5）**隐藏杂物**

通过储物柜、收纳盒隐藏阳台杂物，让阳台更整洁，同时不影响其实用性。

（6）**契合我们的生活方式**

阳台是我们的个人空间，我们可以根据自己的喜好和生活方式来装饰它。喜欢阅读，那就在阳台上设一个小小的阅读角；喜欢瑜伽，阳台就可以成为我们的瑜伽室。这样的阳台，才是我们的心动角落。

很多人都在追寻诗和远方，我说：诗和远方不在远方，就在我们的家里。我们只要做好整理，有序收纳生活杂物，再摆上让自己心动的绿植，冲上一杯香飘四溢的茶，也可以轻松拥有属于自己家的诗和远方。

第6章

整理达人必备的
收纳工具和收纳技巧

6.1　巧用收纳好物，给物品安个"家"

　　想让家整齐有序、永不复乱，我们需要收纳工具的帮助。它能让我们的物品分类更加清晰，固定位置储存便于查找，还能让家保持清爽整洁。收纳工具的种类丰富，不同物品、不同空间、不同场景下运用的工具也不同，本节将介绍专业整理师推荐的真正好用的收纳工具，让你的整理事半功倍！

6.1.1　衣橱收纳工具

　　储存区、陈列区收纳工具如图 6-1 所示。

百纳箱

书立

图 6-1　储存区、陈列区收纳工具

抽屉区收纳工具如图 6-2 所示。

PP 抽屉盒

布衣分隔盒

图 6-2　抽屉区收纳工具

悬挂区收纳工具如图 6-3 所示。

植绒衣架

儿童衣架

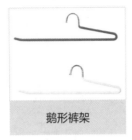

鹅形裤架

图 6-3　悬挂区收纳工具

抽拉挂杆

可叠挂裤夹

图 6-3　悬挂区收纳工具（续）

6.1.2　配饰收纳

首饰收纳如图 6-4 所示。

悬挂

装入密封袋

放入收纳盒

图 6-4　首饰收纳

皮带、领带收纳如图 6-5 所示。

内卷式收纳

悬挂式收纳

图 6-5　皮带、领带收纳

帽子收纳如图 6-6 所示。

悬挂式收纳

陈列式收纳

图 6-6　帽子收纳

6.1.3 图书收纳工具

图书收纳工具如图 6-7 所示。

图书收纳盒

藤筐

书立 / 书靠

信盘

图 6-7　图书收纳工具

6.1.4 文件收纳工具

文件收纳工具如图 6-8 所示。

风琴包

文件盒

牛皮纸夹

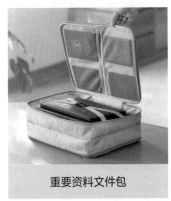

重要资料文件包

数据线收纳袋

文具收纳分隔盒

图 6-8　文件收纳工具

6.1.5 厨房餐厅收纳工具

厨房餐厅收纳工具主要有以下八种，每一种收纳工具下又有很多细分的类别，大家可以根据自己的实际需要做出选择。

碗碟杯勺收纳工具如图 6-9 所示。

抽屉分隔盒

分层置物架

亚克力置物架

亚克力杯架

信盘

图 6-9　碗碟杯勺收纳工具

调料收纳工具如图 6-10 所示。

壁挂调料架

旋转盘

可抽拉调料架

图 6-10 调料收纳工具

锅具收纳工具如图 6-11 所示。

滚轮盒

收纳架

轨道式托盘

收纳盒

立式分层置物架

图 6-11 锅具收纳工具

零食收纳工具如图 6-12 所示。

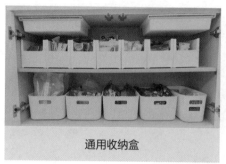

通用收纳盒

立式收纳盒

图 6-12　零食收纳工具

清洁用品收纳工具如图 6-13 所示。

水槽伸缩置物架

双层拉篮

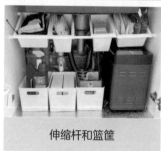

伸缩杆和篮筐

斜口收纳盒

图 6-13　清洁用品收纳工具

五谷杂粮收纳工具如图 6-14 所示。

密封罐　　　　　带把手收纳盒

图 6-14　五谷杂粮收纳工具

小物品收纳工具如图 6-15 所示。

收纳盒　　　　　十字盒　　　　　桌下纸巾盒

图 6-15　小物品收纳工具

冰箱收纳工具如图 6-16 所示。

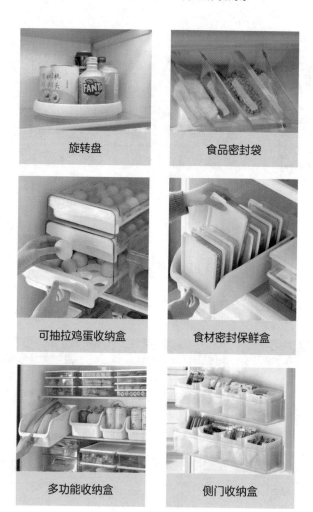

图 6-16　冰箱收纳工具

6.1.6　卫生间收纳工具

牙膏牙刷杯具收纳工具如图 6-17 所示。

 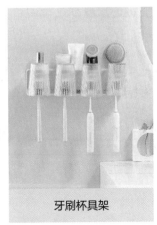

牙刷牙膏夹　　　　　　牙刷杯具架

图 6-17　牙膏牙刷杯具收纳工具

其他收纳工具如图 6-18 所示。

吹风机架　　　　　挂钩　　　　　化妆棉收纳盒

图 6-18　其他收纳工具

柜门收纳盒

滚轮盒

脸盆收纳架

拖把夹

纸巾盒

镜柜收纳盒

可拼接收纳盒

拖鞋架

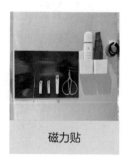

磁力贴

图 6-18　其他收纳工具（续）

6.1.7　儿童房收纳工具

玩具、书籍、文具等收纳工具如图 6-19 所示。

多功能收纳盒

抽屉分隔栏

壁挂绘本架

玩具柜

抽屉分隔盒

玩具收纳箱

图 6-19　儿童房收纳工具

6.1.8　储物间收纳工具

储物间收纳工具如图 6-20 所示。

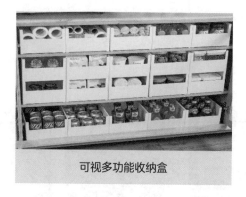

可视多功能收纳盒

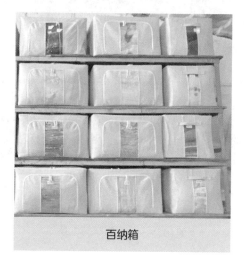

百纳箱

图 6-20　储物间收纳工具

6.1.9　神奇的一物多用

　　本节介绍一些令人惊叹的收纳工具，它们看似普通，却能在多种场景发挥功能。

（1）不锈钢夹

别看不锈钢夹个头小，能耐却很大，不但能吊挂物品，还能架起托盘，如图 6-21 所示。

图 6-21 不锈钢夹的一物多用

（2）洞洞板

在洞洞板上装收纳架或收纳盒，不起眼的它立刻就变样了，如图 6-22 所示。

图 6-22　洞洞板的一物多用

（3）牛皮纸袋

谁说牛皮纸袋用完就可以扔了？其实，它还有很多用途，如图 6-23 所示。

图 6-23　牛皮纸袋的一物多用

（4）伸缩杆

伸缩杆只能用来挂衣服？这么想，就大错特错了！伸缩杆的妙用如图 6-24 所示。

图 6-24 伸缩杆的一物多用

（5）万向轮

说起万向轮，很多人会想到行李箱。其实，家中很多物品都能装上万向轮，装上后不仅拿取更便利，还减少了卫生死角，如图 6-25 所示。

图 6-25 万向轮的一物多用

（6）信盘

信盘不仅是桌面收纳小能手，还能化身为化妆品收纳盒，如图 6-26 所示。

图 6-26　信盘的一物多用

（7）圆环挂钩

清洁剂也能用圆环挂钩来收纳？当然！圆环挂钩除了能挂衣服、挂首饰，还有不少妙用，如图 6-27 所示。

图 6-27　圆环挂钩的一物多用

（8）桌下抽屉盒

桌下抽屉盒隐藏于桌子下方，既方便人们取用，又不占空间。其实除了置于桌下，"貌不惊人"的它还能在其他空间发挥作用，如图 6-28 所示。

图 6-28　桌下抽屉盒的一物多用

（9）子母扣

子母扣是旅行箱的密友，也是排插等小型电器的"好伴侣"，如图 6-29 所示。

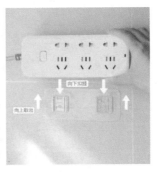

图 6-29　子母扣的一物多用

6.2　学会折叠收纳，给衣橱"瘦身"

对于季节性衣物等，如果我们不想采用悬挂式收纳，可以学习本节的折叠收纳方法，让衣橱轻松"瘦身"！

6.2.1　T 恤折叠

T 恤折叠步骤如图 6-30 所示。

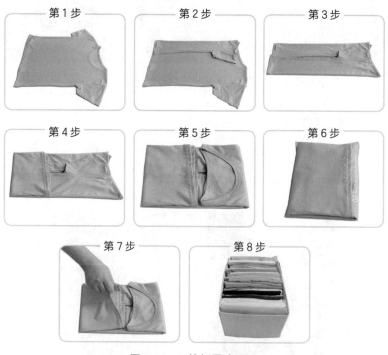

图 6-30　T 恤折叠演示图

6.2.2　毛衣、开衫折叠

毛衣、开衫折叠步骤如图 6-31 所示。

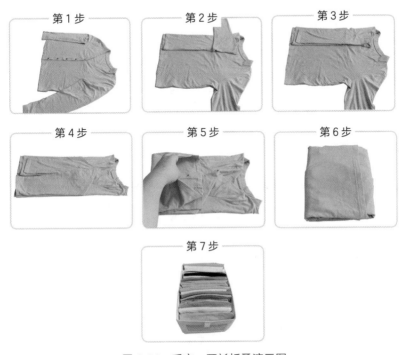

图 6-31　毛衣、开衫折叠演示图

6.2.3　秋衣、秋裤套装折叠

秋衣、秋裤套装折叠步骤如图 6-32 所示。

扫描二维码，
观看视频讲解。

205

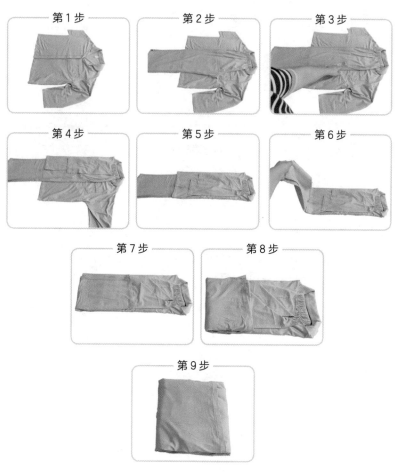

图 6-32　秋衣、秋裤套装折叠演示图

6.2.4　内衣收纳

收纳内衣时可选用内衣收纳袋，将内衣分别放入每一格中，如图 6-33 所示。

图 6-33 内衣收纳

6.2.5 裤子折叠

裤子折叠步骤如图 6-34 所示。

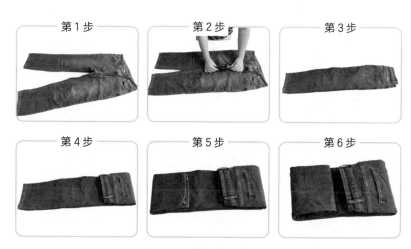

图 6-34 裤子折叠演示图

第 7 步

第 8 步

第 9 步

第 10 步

图 6-34　裤子折叠演示图（续）

6.2.6　袜子折叠

袜子折叠步骤如图 6-35 所示。

第 1 步

第 2 步

第 3 步

第 4 步

第 5 步

第 6 步

图 6-35　袜子折叠演示图

6.2.7　内裤折叠

内裤折叠步骤如图 6-36 所示。

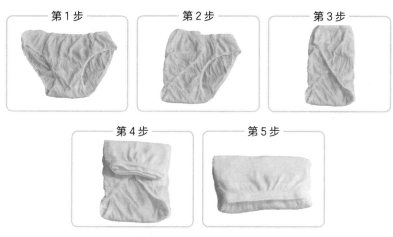

图 6-36　内裤折叠演示图

6.2.8　打底裤折叠

打底裤折叠步骤如图 6-37 所示。

图 6-37　打底裤折叠演示图

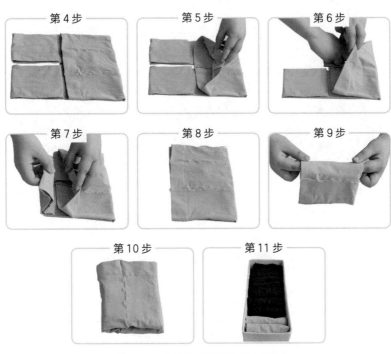

图 6-37 打底裤折叠演示图（续）

6.2.9 围巾、丝巾折叠

围巾、丝巾折叠步骤如图 6-38 所示。

图 6-38 围巾、丝巾折叠演示图

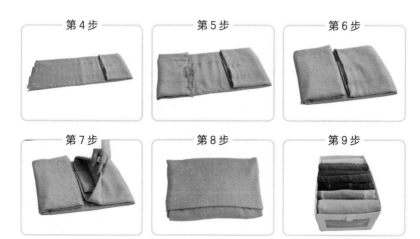

图 6-38　围巾、丝巾折叠演示图（续）

6.2.10　床品四件套折叠

床品四件套折叠步骤如图 6-39 所示。

扫描二维码，
观看视频讲解。

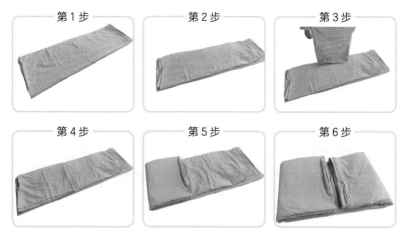

图 6-39　床品四件套折叠演示图

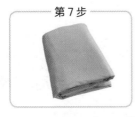

图 6-39　床品四件套折叠演示图（续）

6.2.11　被子折叠

被子折叠步骤如图 6-40 所示。

扫描二维码，
观看视频讲解。

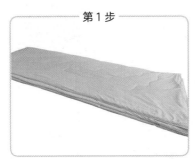
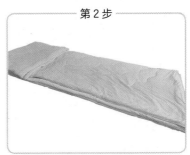

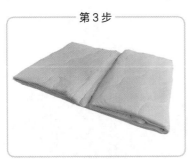

图 6-40　被子折叠演示图

第 7 章

通过整理重拾充盈人生

时间承载了我们的生命，空间承载了我们的生活。整理收纳看起来是家常小事，却蕴含了我们的生命和生活。通过整理，我们找到了生命中最重要的人、事、物的关系，把有限的时间和空间留在重要的人、事、物的关系上。通过收纳，我们明确了人、事、物的重要秩序，用最宝贵的时间和空间来承载真正重要的人、事、物。

当我们开始觉察自己和身边的人、事、物的关系，和这些人、事、物真正产生情感连接时，我们就获得了对幸福的"感知力"。这是一个"借假修真，借象明理"的过程，也是最落地的人生哲学课。

7.1　富余生活从省时、省地、省钱开始

现代很多人不但物质过剩，空间堆满东西，而且时间也填得满满的。每个人都感觉很忙，好像永远有忙不完的事。很多人虽然也赚了不少钱，但是往往花得也很多，总是没有余钱。面对这种情况，该怎么办呢？

在我看来，可以通过整理重拾充盈人生，它能让你拥有更多属于自己的美好时间、心动空间，让你打开财富的管道。

7.1.1 案例故事：告别无止尽的家务，重拾美好时光

我妈妈快 70 岁了，她的生活除了帮助我爸爸处理一些财务上的事情以外，就是每天像陀螺一样围着灶台转、围着老公转、围着家务转，忙忙碌碌地操心了几十年。随着我们几个孩子成家立业，我原以为她可以卸下重担，享受晚年生活，却发现她依旧被家务束缚。

我经常唠叨妈妈，让她每天留出时间去锻炼身体，而她每次都以家务做不完为由拒绝了我的要求。我知道，那时因为家里太乱，很多隐形的家务消耗了她大量的时间。自从我学习了整理之后，我每年的梦想里都会有一条：帮父母家里整理一下。虽然我每年回家都提这个事，但是他们一直反对，这一等就等了 4 年。

直到去年夏天，父母终于接受了我的请求，允许我为家里做一次彻底的整理。我带着 6 位整理师，用了 6 天时间，让这个住了 16 年的杂乱无章、毫无色彩的老房子变成了"焕然一新"的"带着我父亲独特品味的家"，如图 7-1 所示。父母终于能够居住在整洁舒适的家里。

很多精美的茶具都被陈列出来，爸爸经常待在我为他打造的石桌茶室里休闲放松地喝茶，如图 7-2 所示。

更让我欣喜的是妈妈找回了属于自己的时间，她经常和我说"现在感觉空出了很多时间"，也不会整天找不到东西了。

图 7-1　给父母整理后的家

图 7-2　我为爸爸打造的石桌茶室

现在的她有了更多属于自己的时间，可以去做自己喜爱的事。她会抽时间去美容院，去跳广场舞锻炼身体，还会主动去花市买花，暑假时也会和我一起去旅行。这在整理之前都是不可能发生的。我发现，妈妈也正在慢慢变得更爱自己了。对于我来说，这次整理实现了自己 4 年的梦想。

· · · · · ·　·

7.1.2　案例故事：会生活的家才更有价值

朱女士曾经为了工作很少有时间打理家务，也很少陪伴孩子。直到孩子上了高中，她才开始回归家庭，把注意力放到家里。这时，她才发现家里一片混乱，自己感受不到幸福。

直至遇到我们娜家美学整理平台，通过学习我们的课程掌握了衣橱整理、厨房整理的方法，看到衣橱里的衣服整整齐齐地挂着，厨房里的每个盒子都有序地摆放着，她的幸福感才一点点被唤醒。

为了将家彻底整理出来，她决定邀请整理师上门整理。刚开始时，她的先生不同意，觉得浪费钱。但是，她对先生说："我不要金不要银，不要名牌包和衣服，可以十年不换车。我只想把我们的家打造成一个舒适、有美感、有文化，来了不想走、走了还想来的地方。"后来，他的先生就爽快地答应了。

整理后，我们对晾晒区进行了调整，将原来用于晾晒衣

物的露台打造成了夫妻二人共同畅想的家庭书房，如图 7-3 所示。如今，先生每天不管多晚回家，都要去书房练一练毛笔字，甚至自己主动报了书法班，还对朋友说过年的春联都由他包了。

整理前

整理后

图 7-3　整理前后的露台对比

此外，我们还把另一个储物间打造成了孩子的书房。孩子因为自己的需求被看见，也感到特别开心，幸福指数因而大幅提升。

总之，全家人都没想到在自己的家里能够找到属于自己的、可以独处的心动空间，同时又拥有共处的家庭书房，一次整理竟然会让家变得如此幸福美好。

．．．．．．　　．

7.1.3　案例故事：告别恶性消费，回归简单生活

已经退休的郭女士的家乱如垃圾场，上大学的女儿对回家的最大愿望就是有一张能睡觉的床，她甚至曾被好友"威胁"说："如果你家还不整理，我就不再来访了。"

原来郭女士退休后因为找不到事情做，感觉自己失去了人生目标，便整天沉迷于看手机，陷入了各种团购、不停购买的恶性循环中。家里囤积的物品足以开一个小型超市，如图 7-4 所示；女儿的房间甚至乱得无法下榻，如图 7-5 所示。

在朋友的推荐下，郭女士认识了我们娜家美学整理平台。痛定思痛后，她决定让我们入户整理，希望我们在女儿放假回家之前整理好房间，让女儿能有一个可以睡得舒适的床。

我们的 5 位整理师在物品堆中奋战了 6 天，总算让这个家"重见天日"。在整理的过程中，郭女士惊讶地发现，原来自己

图 7-4　整理前郭女士的家

图 7-5　整理前郭女士女儿的房间

有 100 多件吊牌都还没拆的衣服、很多没拆封的厨房电器。这才让她深刻意识到自己在平时的购买中不知浪费了多少钱。她决定痛改前非，把各种购物软件都删了。

整理完一周后，当女儿回家时，整个家已经完全变样，如图 7-6 所示；床和衣柜的位置都改变了，如图 7-7 所示。看到焕然一新的家，她感到难以置信，是那么开心和自豪，还邀请了同学来参观。

图 7-6 整理后郭女士的家

图 7-7　整理后郭女士女儿的房间

如今通过整理，郭女士对生活有了强烈的满足感，改掉了恶性消费的习惯。通过深入学习，她已经成了一名娜家整理师，在新的整理事业中找到了人生的方向和意义。

● ● ● ● ● 　 ●

7.2　幸福生活从整理关系开始

我深入走访很多家庭，发现他们的物质条件越来越好，但是笑容越来越少，幸福感越来越低；客厅越来越大，家人交流得越来越少；很多人都迷失在对物质世界的追逐里，忘了为什么而出发。我也经常发现，家庭环境的混乱是家庭关系混乱导致的结果。家的环境就像一面镜子，折射着每个家庭的序位、生活方式、生活态度和生命品质。

秩序感是培养良好家风的关键，涉及人际关系、空间布局和物品摆放。

在家庭中，人际关系的秩序至关重要。每个成员在家庭中都有特定的角色和地位，如父母、爷爷奶奶和孩子等。如果孩子的地位高于爷爷奶奶，家庭的秩序就会混乱，教养和家风也会受影响。

空间布局也是如此。例如，我们要把重要的空间留给重要的主人。物品的摆放顺序也是一种秩序的体现。家中的物品应根据优先级摆放，将重要的物品放在更显眼的位置。

通过整理重新梳理家庭的序位关系，可以改善夫妻关系、亲子关系。当外在空间陷入混乱时，通过整理调整外在空间和物品的序位，也能整理家庭关系的序位，从而达到内外的平衡与协调。这时，我们的家庭序位才慢慢回到正轨。

7.2.1　案例故事：伦常有序，幸福自来

王女士是一位清华大学硕士，从事金融行业，原本有自己的房子。但是，为了女儿的教育，她选择在离女儿学校更近的地方租了一套房子。

她从小渴望拥有一个整洁舒适的家，但由于母亲没有好的

整理习惯，她的这个愿望从未实现。所以，她不希望女儿也和自己一样，一直生活在混乱的环境里，如图 7-8 所示。即使租房，她也想给女儿最好的居住环境。虽然做了很多努力，但一直苦于找不到方法。

图 7-8　整理前王女士的居住环境

在朋友的介绍下，她参加了我的线下课。听完课后，她感到兴奋不已，便约我去她家预采。听完我的建议后，她对我描述的整理后的家的样子有了强烈的渴望，马上决定让整理师入户服务。

当整理师完成了全屋整理后，她看着整理后的家（见图 7-9），不由自主地赞叹这是她"人生中花得最值的一笔钱"。

图 7-9　整理后王女士的居住环境

透过整理，她也看到了自己的人生模式和家庭关系。

成家之后，她素来把女儿摆在家庭中最重要的位置。就连租住的房子，她也把宽敞的主卧让给女儿，自己住次卧。女儿的房间打理得十分整洁，而自己的房间和客厅却总是乱糟糟的。正是这种过分的在乎，她忽略了自己和身边更重要的人和事，甚至导致家庭破裂。

夫妻关系才是家庭关系中的第一位，只有家中的人际关系摆对位置和顺序，才能活出幸福人生，这也是幸福家庭的秘诀。

如今，她的家自整理完到现在已过去半年，仍然保持着整洁的状态，女儿也养成了整理与归位的好习惯。

更惊喜的是因为一场彻底的整理，她的财富管道被打开。整理完一个星期后，她再次出现在我面前时，我发现她明显年轻了很多。她还非常惊喜地告诉我，她那天进账 100 多万元。她不由得感叹，虽然一直是理想思考的金融系研究生，但也不得不惊叹整理的"魔力"。

● ● ● ● ● ●　●

7.2.2　案例故事：修身齐家，从整理出美好的家庭环境开始

胡女士从事亲子教育多年，是一位家庭教育老师。先生是一位企业家。二人还有两个活泼可爱的儿子。这样的家庭组合令很多人美慕，在事业上取得成功的胡女士更是很多女性的榜样。

然而，有一件事却是胡女士的心病，那就是她缺乏居住能力，搞不定自己的家。家里到处乱糟糟，总是找不到东西。她甚至两次在家弄丢了巨额支票，先生为此和她大吵了一架。也是因为家里太过凌乱，先生没有属于自己的空间，原来的茶室像杂物间，如图 7-10 所示。因此，先生很不愿意回家，还经常抱怨胡女士出去学了那么多，却连家里都管理不好，还是不要出去学习了。两人的关系越来越紧张。胡女士还发现自己虽然做家庭教育，但是很多好的教育理念也因为家里的环境而无法落地，孩子们一直想要的阅读室也没有地方。

图 7-10　整理前的茶室

作为家庭教育老师，胡女士深刻地知道言传不如身教、身教不如境教，她意识到自己必须为这个家做出改变。修身齐家，不能只"修身"，她认识到"齐家"的重要性，爱家就从为家人打造一个美好的家庭环境开始。于是，她来到了我的线下课，并选择让整理师入户整理。

对于这次整理，她精心做了安排，让我们为先生精心打造一间茶室，并在先生生日那天作为生日礼物送给他，如图 7-11 所示。收到这份礼物时，先生欣喜不已，夫妻二人往日的不快也化解了。

同时，我们也将原本用于晾晒衣服、堆放杂物的空间打造成了两个孩子的专属阅读区，如图 7-12 所示。

图 7-11　整理后的茶室

图 7-12　整理后孩子的专属阅读区

　　胡女士也收获了一个属于自己的心动书房。最重要的是，她说整理后终于不再为经常找不到东西而焦虑了，老公不再抱怨，自己的能量状态也提升了很多。

7.2.3　案例故事：理家理心，爱在传承

周女士第一次找到我们，是因为再过两年女儿就要出国了，她想给孩子留下美好的家庭回忆。

周女士从小喜欢读书，但很多时候父母没钱给她买书。因此，她在长大后习惯性地把书往家搬。慢慢地，家里的每个角落都放满了书，甚至连卫生间和厨房也到处放着书，数量多达2万多册，简直就是一个"家庭图书馆"。

她利用难得的6天小长假在家整理。这6天时间好像凝固了，内心却像被重启，她重建了自己与物品、与家的关系，坦然面对自己，正视内心隐藏的占有欲。对舍不得穿的衣物、来不及读的书，她像嫁女儿一般送出家门，交到需要的人手上。她学会了放下，心灵也收获了难得的轻松与舒畅。

女儿看到很多童年的物品被送走，悲伤地说："妈妈，我觉得童年被扔了。"她安慰女儿说："如果背着太重的过去，我们将只能成为蜗牛，爬不动，也爬不远。""虽然物品离开了，但是妈妈的爱始终都在。就算你以后出国了，妈妈不在你身边，但是妈妈的爱一直在你身边。"女儿释然了，她们一起学着与过去告别，安驻当下，理物修心再出发。

后来，周女士和哥哥为了方便照顾年老的父母，就在同小区找了套房，又请了娜家整理师来做设计落地，为父母养老的家精心设计每个细节。半年后，父亲还是离开了。父亲在安

全、便捷、整洁、舒适的空间里安稳地度过了最后半年的美好时光，周女士也经常带着女儿去陪伴，创造了很多珍贵的回忆，每个人都没有遗憾。这份爱和孝心也会在孩子的心中传承。

$$\cdots \cdots \quad \cdot$$

7.3 真正的人生从彻底整理后重启

如果我们经历一次深度整理，那么我们的人生将会像经历了一场深刻的洗礼。用"收纳女王"近藤麻理惠的话，"这是一次人生庆典仪式""整理说到最后就是一个发现自己的过程"，它会让我们仿佛重获新生。

7.3.1 案例故事："空间魔法"改变了我的人生

我是静香，在 2019 年接触整理。当时，我家里实在太乱了，我内心也非常迷茫、焦虑。当听说李娜老师是"空间魔法师"时，我马上联系了她，请她来我家进行预采，帮我给出整理建议。在她准备来我家前，家人都反对我，他们认为自己就可以整理，没有必要花这笔钱。尤其是我先生，他觉得家里很多东西都是有用的，即使现在不用，将来也可能用到。但当时的我非常渴望有一个整洁有序的家，我想通过改变环境来整理内心的迷茫和焦虑。经过多次沟通，他们终于同意了我的决定。为了减少干扰，我安排妈妈和孩子去妹妹家，让丈夫回了老家。三天三夜的彻底整理改变了我的人生。

时至今日，我依然清晰地记得在整理开始前，李娜老师和整理师带着我冥想，让我想象自己理想的家、理想的生活。我突然发现，自己百般努力，却未曾想过这个问题：我到底在追寻什么？这让我泪如雨下。作为女主人，我觉得自己愧对这个家，没有把它收拾得整整齐齐；当时的我，内心充满迷茫和焦虑，看不到一丝生活的希望。整理让我停下来去看见自己，找回自己。我一边在整理师的陪伴下整理了每一个柜子、每一件衣服、每一件物品，一边思考着人生。在物品的背后，我重新认识了很多未曾发现的自己。最终，我们成功将原本像仓库一样的家变得整整齐齐，每一件物品都有了自己的"家"。我的家变得更加宽敞明亮，空气都更加清爽，那个朴实纯真、积极阳光的我似乎也回来了。我清晰地记得整理快要结束时，我的丈夫从老家回来，在进家门的那一刻愣住了。看着眼前完全变了样的家（见图7-13），他喃喃自语："这是我家吗？我没有走错吧？"在场的所有人都被他逗笑了。

从此，整理彻底改变了我。我就像丢掉了沉重的枷锁，变得轻松自在。内在的焦虑情绪也像被丢弃的杂物一样消失了。3个月后，我做出了一个重大的人生决定——从工作了20年

／整理前

／整理后

图 7-13　整理前后的对比

的销售行业抽身离开，加入了娜家美学整理平台。刚好那时娜家美学整理平台推出了合伙人计划，我就从客户变成了合伙人。如今，我的生活变得越来越简单，而内心的幸福指数也越来越高。我学会珍惜每一件物品，感恩已经拥有的一切。随着欲望的减少，我购物的频率也逐渐降低，我的家变得更加宽敞、舒适。我开始从外求转向内求，收获了一个平和而喜悦的心境，也变得越来越喜欢现在的自己。平时，我除了上门帮助客户整理家，还积极参与社区、学校和企事业单位的各种公益分享。在过去 3 年多时间里，我已经举办了近 150 场沙龙活动，向 2000 多人分享整理知识，传播爱家文化。这让我的内心感到非常充盈。每次分享时，我看到很多女性因为不懂整理收纳而深受困扰。我特别感同身受，就像看到了过去的自己。每次看到这些情形，我就会想起一句话："是什么拯救了你，就请用什么帮助他人。"这让我更坚定了自己的梦想：成为一名整理讲师，帮助更多家庭改善居住环境，提高内心的幸福感。

　　经过两年的努力，我如愿成了娜家美学整理平台的金牌讲师。现在的我，工作时间自由，空间自由，既可以兼顾家庭，又收获了一份热爱而有意义的事业，收入也远远高于以前。

　　我的生命之花终于自由绽放，每一天我都觉得特别美好充实。《心流》的作者米哈里·契克森米哈赖曾说，一个人的幸福源自内心的秩序感，其中包含了时间、空间、物品、人际关系和信息。而整理就是在帮助我们建立这份秩序感。

7.3.2 案例故事：从 12 年的全职主妇到百万主播

我叫朱丽叶。在成为整理师之前，我是一位在家相夫教子12 年的全职主妇。

我可以为家人下地种菜，也可以在早上 5 点多就起床，为家人准备丰富的早餐，晚上声情并茂地给孩子们讲睡前故事，每个节假日都被我安排得仪式感满满。

在朋友们眼中，我是一个精致的全能主妇。但我也有解不开的困惑，就是为什么家里总是理了又乱，自己总是为家务疲惫不堪。

直到 2020 年，我学习了娜家美学整理平台的课程，仅仅用了一个月，我就把混乱的家打造得由内而外焕然一新。在那一刻，我做了一个决定：我要成为一名整理师，把这种美好的体验带给身边每一个人。

经过十几天的系统学习，我如愿成为一名整理师，开启了不一样的人生。我开始走入校园、社区，通过一次次公益沙龙将整理带给身边有需要的人，把爱带给一个个家庭。我还为自己的父母亲手打造了一个新家。

虽然我一直很努力地传播，但依然有很多人不了解整理。我开始思考到底用什么样的方式才能将它传播得更快。恰好在2022年初，娜家成立了第一批主播培训营，我参加了半个月的学习和实操，开启了直播事业。经过半年的努力，我创造了可喜的成绩，也收获了众多粉丝。现在，我成立了直播团队，影响力越来越大；我已经成为视频号家居类的头部主播，多次创下了不菲的业绩，日销售额突破百万元。

我从一个不善言辞、在他人面前讲话都会脸红的人，到如今可以在有几万人观看的镜头前侃侃而谈、从容不怯场的主播；从一个一心扑在家庭的全职主妇，到拥有自己事业的独立女性。

整理让我看到了更多的可能性，收获了更多的财富，同时也收获了有价值感的丰盈人生。

· · · · · ·　 ·

静香和朱丽叶是我们娜家整理师的代表，也是无数整理受益者的缩影。

在娜家整理师队伍里，有职场白领，有创业者，有全职家庭主妇，有退休后想开启第二份事业的大姐，也有从家政公司转型的从业人员，还有很多来自不同行业的人。虽然她们的年龄跨度很大，从"00后"到"50后"，但是她们都有一个共同的特点，就是她们都因整理而受益、因受益而热爱、因热爱而传播。

整理就像具有魔法一样，一旦你深入其中，就会有一种神奇的力量让你开始慢慢地更爱自己。这不是一种狂热的自恋，不是那种以自我为中心的傲慢，而是一种澄澈、宁静的自知，一种独立自主、自尊自爱的精神气质。我们通过物品开始欣赏自己独一无二的特质，看见并接纳自己的不完美，懂得如何感受生活，感受身边人的需求，开始慢慢懂得爱。我自己就是一个整理的深度受益者，我的人生因为整理而更精彩。

7.3.3　案例故事：再平凡的人都能发现更强大的自己

我是李娜，本书的作者，也是娜家美学整理平台的创始人、居住美学知识体系的研发者，人称"空间魔法师"的全国知名整理专家。而在此之前，我是一个自卑、内向的女孩，从小被忽视。人生最大的目标就是得到父母的关注和认可。我努力学习，成为家中唯一考上大学的孩子，终于让父亲对我另眼相看。

在大学期间，我迷上了家居美学，省下所有生活费买时尚家居杂志。毕业后，我鼓起勇气踏上创业之路，做了 3 年的园林景观公司，经营了 7 年的软装电商。然而，工作的忙碌带来了精神上的焦虑，产后抑郁、家庭关系等问题接踵而来。我靠购物来缓解焦虑，家里越来越混乱，生活进入了恶性循环。面对这种情况，我迫切地想要寻找一条出路。

2016—2017 年，我幸运地遇到了影响我生命的两位导师。

一位是整理导师近藤麻理惠①，我无意中买了她的书，并且用 7 天 7 夜疯狂整理，使自己的家发生了翻天覆地的变化。这个过程让我惊奇地发现，原来整理收纳才是真正实现品质生活的关键方法！这一次整理打通了我的"任督二脉"，我开始探索自己、接纳自己，并且发现了自己的天赋才华。

另一位就是时间管理导师叶武滨，他点燃了我的人生梦想。他说："人生要做自己擅长的、热爱的、有价值的事，并把它做到极致！"对我来说，通过整理收纳提高人们的居住品质就是这样的一件事。叶老师还说过："一个人的梦想要和更多人相关。"正是这句话彻底唤醒了我，我终于明白为什么过去自己没有因为钱赚得多而变得幸福，因为自己过去的"梦想"只和自己的欲望相关。

我坚定地对自己说："我要做一名空间整理讲师！我要帮助 10 万个家庭提高居住品质，提升幸福感！"

人生有了明确的目标，生活就会不断为你开路。我在一年多的时间里看了 100 多本与整理相关的书，花 20 多万元把国内外所有整理行业最高级别的证书全都考了一遍。在这个过程

---

①　日本知名整理专家，曾被美国时代杂志评选为影响世界的 100 人之一。

中，我发现了自己的专业优势。很多整理机构教的内容都只是简单的物品收纳和衣物折叠技巧，技术含量很低，并不能真正解决居住品质的问题。而我懂空间规划设计、软装美学、家庭关系及时间管理等，这些都对居住品质起着非常重要的作用。

在从业过程中，我也遇到了很多和我一样的整理热爱者。她们有一个共同的困扰——找不到客户！那时整理收纳行业刚刚进入国内，订单很少，她们根本无法靠这个技能生存下去。我想帮助她们。于是，我开始不断地宣传，从一个人慢慢变成4～5个人，再变成20多个人，直到成立了娜家美学整理平台。

我研发的十几门课程受到了学员的喜爱和高度认可。目前，我们在全国13大城市开课，线上线下授课超过400次，付费学员超过5万人，合伙人近900人，整理师超过300人，团队入户时长超8万个小时。我的梦想从帮助10万个家庭变成了帮助千万个家庭，这也成了所有娜家人的共同愿景。

回望过去几年的成长，我不但住上了自己梦想的家，过上了理想的生活，还成了他人口中的人生导师，为很多女性提供了就业机会，为许许多多家庭提高了居住品质。这也让我有很深的领悟，虽然每个人的起点各不相同，但是只要坚定地朝着一个利他的方向走，那么再平凡的人也能成就一个更好、更强大的自己。